高等职业教育园林类专业系列教材

U0694341

园林植物

YUANLIN ZHIWU

主　编　王友国　庄华蓉

副主编　陈　锋　唐世伟

主　审　孙立平

重庆大学出版社

内容提要

"园林植物"是高等职业教育园林、园林工程、风景园林类专业的核心课程之一,旨在培养学生掌握并具备科学合理应用园林植物的能力。本书结合专业特点,以简单实用、通俗易懂、科学合理为编写理念,将常见的园林树木、园林花卉融为一体,以园林植物的生长型和景观用途为着眼点,结合园林类专业学生的认知规律,将园林植物的生长型确定为主线,综合园林植物的亲缘关系、景观用途等进行归纳分类,将城市园林中常见植物分作观赏蕨类、乔木类、灌木类、藤蔓类、观赏竹类、观赏棕榈类、一二年生花卉类、宿根花卉类、球根花卉类、水生花卉类、仙人掌类、多浆多肉类、兰科花卉类。全书介绍常见园林植物近500种,并根据每种植物在园林中的应用情况,按照重要程度、出现频率等作繁简程度不同的描述,除着重介绍别名、形态特征、分布习性、繁殖栽培及园林应用外,还有机融入课程思政育人元素,增强学生民族自豪感,培养学生的爱国情怀。编排过程中,有意识地将容易混淆的植物编排在相近位置,如金丝桃与金丝梅、红叶桃与红叶李、紫竹梅与吊竹梅、文殊兰与水鬼蕉等,方便学生学习对比、区分识别。

本书图文并茂、全彩印刷,并配备200余个音视频和860余幅高清彩色照片,涵盖当前城市园林绿化中常用园林植物,再辅以现场认知实训,能很好地解决园林类专业学生对园林植物分类、识别与应用方面的难题。

本书适合高等职业教育园林、园林工程、风景园林类专业,以及林业技术、观赏园艺、环境艺术设计等专业教学用书,也可供广大园林园艺行业从业人员,以及对园林植物有兴趣的爱好者学习参考。

图书在版编目(CIP)数据

园林植物 / 王友国,庄华蓉主编. -- 重庆:重庆大学出版社,2024.1
高等职业教育园林类专业系列教材
ISBN 978-7-5689-4229-4

Ⅰ.①园… Ⅱ.①王… ②庄… Ⅲ.①园林植物—高等职业教育—教材 Ⅳ.①S688

中国国家版本馆 CIP 数据核字(2023)第243313号

园林植物

主 编 王友国 庄华蓉
策划编辑:袁文华
责任编辑:袁文华　　　版式设计:袁文华
责任校对:刘志刚　　　责任印制:赵 晟

*

重庆大学出版社出版发行
出版人:陈晓阳
社址:重庆市沙坪坝区大学城西路21号
邮编:401331
电话:(023)88617190 88617185(中小学)
传真:(023)88617186 88617166
网址:http://www.cqup.com.cn
邮箱:fxk@cqup.com.cn(营销中心)
全国新华书店经销
重庆长虹印务有限公司印刷

*

开本:787mm×1092mm 1/16 印张:18 字数:462千
2024年1月第1版　　　2024年1月第1次印刷
印数:1—3 000
ISBN 978-7-5689-4229-4 定价:75.00元

编委会名单

主　任　江世宏

副主任　刘福智

编　委（排名不分先后）

卫　东	方大凤	王友国	王　强	宁妍妍
邓建平	代彦满	闫　妍	刘志然	刘　骏
刘　磊	朱明德	庄夏珍	宋　丹	吴业东
何会流	余　俊	陈力洲	陈大军	陈世昌
陈　宇	张少艾	张建林	张树宝	李　军
李　璟	李淑芹	陆柏松	肖雍琴	杨云霄
杨易昆	孟庆英	林墨飞	段明革	周初梅
周俊华	祝建华	赵静夫	赵九洲	段晓鹃
贾东坡	唐　建	唐祥宁	秦　琴	徐德秀
郭淑英	高玉艳	陶良如	黄红艳	黄　晖
彭章华	董　斌	鲁朝辉	曾端香	廖伟平
谭明权	潘冬梅			

编写人员名单

主　　编　　王友国　　重庆城市管理职业学院

　　　　　　庄华蓉　　重庆城市管理职业学院

副主编　　陈　锋　　重庆自然博物馆

　　　　　　唐世伟　　重庆和汇家园艺工程有限公司

参　　编　　赵大华　　私立华联学院

主　　审　　孙立平　　重庆市城市管理局

前　言

在线课堂二维码

　　"园林树木学""园林花卉学"是高等院校园林、园林工程、风景园林类专业的核心课程之一，在园林类专业中有举足轻重的作用。随着时代的进步，尤其是园林工程、风景园林等专业的迅猛发展，园林类专业的模块化课程体系设计日益受到重视。基于此，我们将传统的《园林树木学》《园林花卉学》教材中的分类、识别与应用等内容整合成《园林植物》一书，作为相关专业此类课程的教学用书。

　　本书具有"内容体系科学合理、符合学生认知规律""教材全真彩色印刷，搭配丰富的音视频资源，符合初涉园林类专业学生的学习习惯"等优点，且力求通过简洁的描述、精练的语言，配以清晰的彩色照片，深入浅出地为学生展示相应植物的主要形态特征及其园林应用形式等内容。全书包含城市绿化常见园林植物114科200余属近500种，配高清彩色图片860余幅。此外，还配有音视频200余个，扫书中二维码即可学习。

　　本书坚持与时俱进、科学严谨的原则，结合园林植物分类学研究的最新进展精心选材，并严格遵循教育部对高等职业院校教材建设的要求，坚持围绕以职业素养培养为核心，在深入走访调研园林行业、企业对园林类专业毕业生要求的基础上，参照职业标准、技能素质要求以及"课程思政""三全育人"建设目标等要素，确保本书具有很强的实用性、科学性、创新性，全面满足园林类专业教学对园林植物分类、识别与应用的需求。

　　本书由重庆市城市管理局孙立平担任主审，重庆城市管理职业学院王友国、庄华蓉担任主编，重庆自然博物馆陈锋、重庆和汇家园艺工程有限公司唐世伟担任副主编，私立华联学院赵大华参编。全书由王友国统稿，并负责第1章、第2章、第3章、第4章、第5章、第6章、第7章内容的编写；庄华蓉负责第8章、第9章、第10章、第11章、第12章、第13章内容的编写；赵大华负责第14章、第15章、第16章内容的编写；陈锋、唐世伟参与全书架构和图文的编辑、校对等工作，并提供部分植物照片素材等。

　　本书配备的音视频主要由王友国、庄华蓉联合制作，陈锋、唐世伟等提供诸多制作素材。此外，本书在重庆智慧教育平台建设有配套的在线开放课程"园林植物识别与应用"，每年上下半年分别开课，欢迎有兴趣者扫码加入课程学习。

　　本书中少数图片、照片引自参考文献，在此向原作者付出的辛勤劳动表示感谢。作为重庆市教育委员会科学计划研究项目"西部（重庆）科学城园林植物物种资源调查研究（编号：KJQN202303309）"和重庆市教育委员会职业教育教学改革研究项目"基于产教融合的高职园林工程技术专业实训课程体系建设研究(编号 GZ223086)"成果之一,本书出版得到重庆城市管理职业学院文化与旅游学院"课程思政"创新团队和"红梅花开"党员头雁工作室、园林花卉苗木生产创新基地等项目的支持,在此一并致谢!

　　由于编者学识有限,书中难免有错漏之处,敬请读者不吝指教!

编　者

2024 年 1 月

目 录

上篇

总　论

1 绪 论

1.1 基本概念

1）园林

自古以来，有人将"种植花木，兼有亭阁设施，以供人游赏休憩的场所"即视作园林。随着园林学科的发展，园林的内涵与外延均有很大的拓展，除常见的公园、植物园、动物园、庭园、宅园等属于园林范畴外，风景名胜区、旅游景点、自然保护区、校园、小游园、花园、广场、特色街道以及各类岩石园、百草园、山茶园、杜鹃园、牡丹园等专类花园均属于广义的园林范畴。

我国古籍中，受建园目的、性质以及规模影响，园林有"园""囿""苑""园亭""庭园""园池""山池""池馆""别业""山庄"等别称，美英等国则有"Garden""Park""Landscape Garden"等称谓。不管园林的名称如何改变，其都有共同点，即在一定的地域内，通过筑山、叠石、理水、栽花种草、营造建筑和布置园路等工程技术和艺术手段，充分利用并改造天然山水地形地貌，构筑适合人们观赏、游憩、娱乐、居住的优美环境。

2）园林植物

园林植物是指适合于风景名胜区、休闲疗养胜地和城乡各型室内外园林绿地应用植物的统称，包括木本植物和草本植物两大类。

木本植物主要指根和茎的纤维素含量高、坚硬、木质部发达、呈多年生的树木。木本植物是园林绿化中的骨干材料之一，其枝干、叶、花、果、姿，乃至根各具特色，是园林造景中的重要观赏点。

草本植物是指茎的木质部不发达、支持力较弱的植物。草本植物多数都很矮小，茎干柔软，寿命较短。草本植物种类繁多、特点各异，在园林建设中有十分重要的作用。

1.2　我国园林植物资源特点

1）种类繁多

我国疆域辽阔、地形地势复杂多变、气候类型丰富多样,为我国拥有丰富的植物种质资源奠定了坚实基础,也为我国赢得了"世界园林之母"的美誉。据不完全统计,地球上有高等植物约35万种,原产我国的约有3万种,其中园林树木就有约9 000种,深受世人瞩目。我国园林植物资源尤以西南山区更为明显,该区域植物种类约为毗邻的印度、缅甸、尼泊尔等国的4～5倍,已形成世界著名园林植物的分布中心之一。

2）分布集中

我国园林植物种质资源分布相对较为集中,很多原产我国的著名植物大量种类集中分布于相对较小的区域内,如山茶、溲疏、蜡瓣花等。我国部分原产树种占世界总种数的百分比见表1.1。

表1.1　我国部分原产树种占世界总种数的百分比(引自潘文明《观赏树木》)

属名	原产种数	世界总种数	原产占比/%	备注
金粟兰	15	15	100	
蜡梅	6	6	100	
泡桐	9	9	100	
刚竹	40	50	80	主产黄河以南
山茶	195	220	89	西南、华南为分布中心
木樨	25	40	63	主产长江以南
丁香	25	30	83	主产东北至西南
油杉	9	11	82	主产华东、华南、西南
溲疏	40	50	80	西南为分布中心
蚊母树	12	15	80	主产西南、华东、华南
蜡瓣花	21	30	70	主产长江以南
椴树	35	50	70	主产东北至华南
枸子	60	95	63	西南为分布中心

3）特点突出

我国原产有众多特点突出、极具观赏价值的园林植物种类,特有科有银杏科、珙桐科、杜仲科、水青树科等,特有属有银杉属、金钱松属、水松属、水杉属、白豆杉属、福建柏属、结香属、蜡梅属、梧桐属、喜树属等;特有种则数不胜数,包括龙游梅、绿萼梅、黄香梅、红花含笑、重瓣杏花等,备受世人瞩目。

1.3 园林植物在城乡建设中的作用

1)美化环境

园林植物种类繁多,其根、茎、叶、花、果及姿态各异,极具观赏性。园林中常通过合理选择与配植植物,融合植物特性人格化的意识,如"凝固的诗,立体的画""触景生情、弦外之音、象外之象""未出土时先有节,便凌云去也无心""墙角数枝梅,凌寒独自开"等,塑造出引人入胜的美景,极大程度地丰富了城市园林景观。

园林植物是有生命的有机体,其姿态、色彩、香味、风韵等特质随季节轮动而变化,在不同的季节呈现不同的丰姿与妙趣。如春季或枝芽生机勃勃,或繁花锦簇;夏季浓荫覆地;秋季果实累累;冬季则白雪挂枝,银装素裹。

2)改善环境

园林植物群落能有效地起到调节温湿度、阻滞尘埃、减弱噪声、保持水土以及涵养水源等作用,对生态环境的改善效果十分明显。如在炎热的夏季,浓密的树荫下与阳光直射的广场温差可达 5 ℃以上。园林植物在光合作用过程中大量吸收 CO_2,释放出 O_2,保持空气清新。同时,有些植物还能吸收空气中的有毒有害气体,或释放杀菌素,起到净化空气的作用。如海桐、月季等能吸收空气中的 H_2S、HF 等;茉莉、金银花能分泌杀菌素杀死空气中的某些细菌,抑制结核、痢疾病原体和伤寒病菌的生长等。

3)生产功能

园林植物既可生产苗木用于园林绿化,还可用于林业生产提供木材、果品、油脂、香料、药材等。园林建设中,宜综合考虑植物的景观功能、生产功能。如玫瑰除用作切花外,还可用于提炼香精油;银杏在营造风景林的同时,还可兼顾生产白果。

4)旅游作用

园林植物作为旅游资源不可缺少的重要组成部分,如长江三峡的"红叶"、重庆永川的"茶山竹海"、四川宜宾的"蜀南竹海"、陕西黄陵的"黄陵古柏"、北京景山的"二将军柏"、北京潭柘寺的"帝王树"等著名景点,其着眼点均在园林植物。

1.4 学习方法

园林植物种类繁多,不同植物形态各异、习性不同,知识点也较为零散。为此,在学习过程中宜多观察、多动手、多识记、勤思考,做到理论与实践相结合,综合运用比较学习法、归纳总结法等。要分清主次、善抓重点,在识别园林植物的基础上,掌握园林植物的分布范围、生长习性及园林用途。

此外,园林植物类课程的学习,还要充分利用身边的学习资源,不放过身边的任何学习机会,要从校园绿地、住宅绿地、道路绿地中常见的园林植物开始,逐渐扩大认知范围,不断拓展知识面。

2 园林植物学基础

2.1 植物的根

1)根的类型

　　根据根发生的部位不同,可分为主根、侧根和不定根。由种子的胚根发育形成的根称为主根,主根上产生的各级大小分枝都称为侧根。主根和侧根都是从植物体固定的部位生长出来的,均属于定根。还有许多植物除产生定根外,还能从茎、叶、老根或胚轴上产生根,称为不定根。生产中常利用植物能产生不定根的特性,以扦插、压条等方式繁殖苗木。

2)根系的种类

　　根系是植物地下部分所有根的统称,有直根系和须根系两类。直根系的主根发达粗壮,与侧根有明显区别,大部分双子叶植物和裸子植物的根系属于此类,如向日葵、蒲公英等;须根系的主根不发达或早期停止生长,由茎的基部生出许多粗细相似的不定根构成,如百合、葱莲、韭兰、朱顶红等。

3)根的变态

　　植物为适应周围环境,营养器官在形态结构及生理功能上发生具有相对稳定性且可遗传的性状改变,称为变态。园林植物根的变态主要有贮藏根、气生根、寄生根。

　　(1)贮藏根　　根肉质化,并能贮藏大量的营养物质。园林中常将地下部分的根、茎肥大的植物均视作此类,如大丽花、君子兰、吊兰、仙客来、马蹄莲、百合等。

　　(2)气生根　　在空气中生长的根称为气生根。气生根因作用不同,又可分为支持根、攀援根和呼吸根。如榕树、常春藤、水松、玉米等的气生根十分发达。

　　(3)寄生根　　指寄生于植物茎上而发育的不定根,如菟丝子等。

图 2.1　气生根（榕树）

图 2.2　寄生根（菟丝子）

2.2　植物的茎

1）茎的外形

植物茎的外形以圆柱形为主，也有其他形状者。如紫薇、迎春、野迎春等植物的嫩枝呈四棱形；莎草、香附子的茎呈三棱形；仙人掌、昙花的茎呈扁柱形。

茎上着生叶的部位称为节。相邻两个节之间的部分称为节间。着生叶和芽的部分称为枝条。枝条顶端生有顶芽，枝条与叶片之间的夹角称为叶腋，叶腋内着的芽称为腋芽。木本植物的茎枝上还有叶痕、芽鳞痕、皮孔等。

植物茎的伸长生长有强有弱，节间有长有短。节间显著伸长的枝条称为长枝。节间短缩，各个节紧密相接的枝条称为短枝。如银杏、雪松，叶簇生在短枝上，短枝常常着生在长枝上。

图 2.3　长枝与短枝（雪松）

图 2.4　茎的外形

（引自陈忠辉《植物与植物生理》，2019）

2）芽的类型

（1）芽的性质　芽是枝、花或花序发育前的雏体。萌发之后形成枝或叶的芽称为枝芽，形成花或花序的芽称为花芽，既抽生枝叶又能开花的芽称为混合芽。

（2）定芽与不定芽　在茎枝的节上有固定发生位置的芽称为定芽，包括顶芽和腋芽。除顶芽和腋芽外，在植物体其他部位发生的芽称为不定芽，如垂柳、桑的茎枝，以及秋海棠、落地生根的叶上都能产生不定芽。

（3）活动芽与休眠芽　芽在形成的当年即可萌发成枝、叶或花、花序，称为活动芽，如一年生草本植物的芽、多年生木本植物的顶芽；植物的部分芽形成后处于休眠状态，或因活动芽受到损害才萌发，称为休眠芽。

（4）鳞芽与裸芽　部分生长在寒带、温带的植物，芽的外部有鳞片、芽鳞包被，以利幼芽越冬，称为鳞芽，如白皮松、杨树等。鳞片脱落后在茎上留下的痕迹就是芽鳞痕；有些植物的芽没有鳞片、芽鳞包被，仅为幼叶所包裹，称为裸芽，如白兰、枫杨、核桃等。

3）茎的生长方式

（1）直立茎　植物的茎枝背立地面向上生长，如紫薇、紫荆、玉兰等。

（2）缠绕茎　植物的茎枝柔软，直立性差，常需利用自身的柔软性缠绕他物向上生长，如牵牛花、豇豆、菟丝子等。

图2.5　直立茎（紫薇）

图2.6　缠绕茎（牵牛花）

（3）攀援茎　植物的茎枝柔软，直立性差，以自身特化的攀援器官攀附他物向上生长，如爬山虎借助吸盘攀援，葡萄借助卷须攀援，常春藤借助气生根攀援，猪殃殃借助钩刺攀援等。

（4）匍匐茎　植物的茎细长柔弱，匍匐地面蔓延生长，如铺地柏、草莓、甘薯、蕹菜等。

图2.7　攀援茎（爬山虎）

图2.8　匍匐茎（铺地柏）

图2.9　单轴分枝(雪松)

4)茎的分枝

(1)单轴分枝　顶端优势明显,顶芽不断发育形成主轴、侧芽不断发育形成侧枝,主轴的生长明显并占据优势的分枝方式。此类植物树体高大挺拔,园林中适宜用作行道树、园景树等,常见植物如雪松、水杉、银杏、毛白杨等。

(2)合轴分枝　顶芽生长缓慢,或易于枯萎死亡,其下方的侧芽迅速生长发育并代替原来的主轴向上生长,一段时间后又被下方的侧芽所取代,如此循环往复,称为合轴分枝。此种分枝方式使茎的节间短缩,主轴和侧枝呈曲折状,树冠较开展,园林中适宜用作花木类、果木类,如柚、梨、苹果、桃、桑等。

(3)假二叉分枝　是合轴分枝的一种特殊形式,指有对生叶序的植物,当顶芽开花或停止生长后,其下对生的侧芽同时发育成二叉状的分枝方式,如茉莉、丁香、石竹、接骨木等。

图2.10　合轴分枝(柚)

图2.11　假二叉分枝(茉莉)

5)茎的变态

(1)茎刺　茎变态成针刺状,如皂荚、柑橘等。

(2)茎卷须　部分攀援植物的茎特化成卷须,以攀附他物生长,如葡萄、丝瓜、黄瓜、南瓜等。

图2.12　茎刺(皂荚)

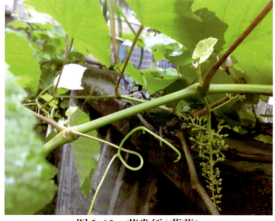

图2.13　茎卷须(葡萄)

（3）叶状茎　植物的茎特化成绿色扁平的叶状，还能进行光合作用，如蟹爪兰、昙花、天门冬、竹节蓼等。

（4）肉质茎　植物的茎肥厚多汁，既可贮藏水分、养料，还可进行光合作用，如仙人掌等。

（5）根状茎　植物生长在土壤中类似于根的茎，有明显的顶芽、节、节间，可继续分枝或形成地上茎，节上易生不定根，常见植物有竹类、芦苇、莲等。

图 2.14　肉质茎（仙人掌）

图 2.15　根状茎（竹类）

（6）块茎　植物地下茎肉质膨大成不规则的块状，如菊芋、马铃薯等。

（7）鳞茎　植物的地下茎由许多肥厚的肉质鳞叶围合而成，如百合、水仙、朱顶红、大蒜、洋葱等。

（8）球茎　植物的地下茎变态成贮藏营养物质的圆球状，节和节间明显，基部可发生不定根，如荸荠、慈姑和芋。

图 2.16　鳞茎（洋葱）

图 2.17　球茎（荸荠）

2.3　植物的叶

1）叶的组成

植物完整的叶主要由叶片、叶柄和托叶三部分组成。三部分齐整的叶称为完全叶，如桃、梨、月季等；反之则称为不完全叶，如丁香、茶花没有托叶。

2）叶片的形态

（1）叶形　由叶片长度和宽度的比值及最宽处的位置决定,如细长似针的针形叶、叶片狭长且全叶宽度基本相等的条形叶、呈纸扇形态的银杏叶、披针形态的垂柳叶等。

图2.18　扇形（银杏）　　　　图2.19　披针形（桃树）

（2）叶缘　叶缘即植物叶片的边缘,其形状因种类而异,主要有全缘、锯齿、重锯齿、钝齿、牙齿、波状等。如果叶缘凹陷很深谓之叶裂,有掌状、羽状之分,每种又可分为浅裂、深裂、全裂3种。

A　　B　　C　　D　　E　　F　　G　　H　　I

图2.20　叶缘的类型（引自陆时万《植物学》,2020）

（A.全缘　B.波状　C.皱缩状　D.圆齿状　E.圆缺状　F.牙齿状　G.锯齿状　H.重锯齿状　I.细锯齿状）

①浅裂叶:叶裂深度在叶片宽度的1/4以内,有羽状浅裂和掌状浅裂。

②深裂叶:叶裂深度在叶片宽度的1/2以上,有羽状深裂和掌状深裂。

③全裂叶:叶裂达中脉或基部,有羽状全裂和掌状全裂。

A　　　　B　　　　C　　　　D　　　　E　　　　F

图2.21　叶的缺刻类型（引自陈忠辉《植物与植物生理》,2019）

（A.羽状浅裂　B.羽状深裂　C.羽状全裂　D.掌状浅裂　E.掌状深裂　F.掌状全裂）

（3）叶脉　种子植物叶脉主要有网状脉和平行脉2种。

①网状:叶片上有1条或数条明显的主脉,其上分生出稍细的侧脉,再由侧脉分生出更细的小脉,小脉交错连接成网状,称为网状脉,有羽状网脉和掌状网脉之分。

图2.22　羽状网脉(黄葛树、珊瑚树、栀子)

图2.23　掌状网脉(葎草)

②平行脉:叶脉大小相似且近似于平行排列。有直出平行脉如麦冬、莎草等,侧出脉如芭蕉、美人蕉等,弧形脉如玉簪、马蹄莲等,射出脉如棕榈、蒲葵等。

图2.24　侧出脉(芭蕉)

图2.25　弧形脉(玉簪)

3)单叶和复叶

(1)单叶　1个叶柄上只生1个叶片称为单叶,如石楠、桃、李、杏、梅等。

(2)复叶　1个叶柄上生有2个及以上的叶片称为复叶,如月季、玫瑰、秋枫、国槐等。根据小叶排列的方式可分为单身复叶、掌状复叶、羽状复叶、三出复叶4种类型。

①单身复叶:总叶柄上2个侧生小叶退化,仅留下顶端小叶,且小叶基部有明显的关节,如柑橘、柚等。

图2.26　单叶(红叶石楠)

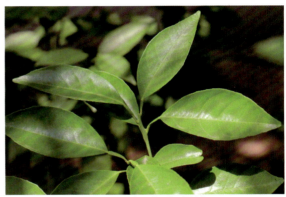
图2.27　单身复叶(柑橘)

②掌状复叶：由 3 个及以上小叶着生在总叶柄的顶端，形似手掌，如秋枫、重阳木、七叶树、刺五加等。

③羽状复叶：小叶着生在总叶柄的两侧，呈羽毛状，如蓝花楹。小叶总数为单数的称为奇数羽状复叶，如月季、刺槐、紫云英等；小叶总数为双数的称为偶数羽状复叶，如花生、蚕豆等。根据羽状复叶叶柄分枝的次数，又可分为一回羽状复叶（月季）、二回羽状复叶（合欢）和三回羽状复叶（南天竹）。

图 2.28　掌状复叶（秋枫）　　　　　　　图 2.29　羽状复叶（蓝花楹）

④三出复叶：3 枚小叶着生在总叶柄的顶端。顶端小叶柄较长的称为羽状三出复叶，如菜豆等；3 枚小叶柄长相等的称为掌状三出复叶，如酢浆草、车轴草等。

4）叶序

叶序是叶在茎上的排列方式，有互生、对生、轮生和簇生等方式。茎上每个节只生 1 个叶的叫互生叶序，如朴树、紫叶桃、毛白杨等；茎上每个节相对着生 2 个叶的称为对生叶序，如小蜡、毛叶丁香、紫丁香等；若每个节上着生 3 个及以上的叶称为轮生叶序，如茜草、夹竹桃等。部分植物的节间极度缩短，使叶成簇生于短枝上，称簇生叶序，如银杏、金钱松短枝上的叶序。

 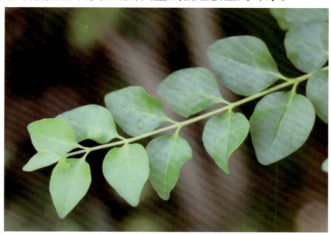

图 2.30　互生叶序（朴树）　　　　　　　图 2.31　对生叶序（小蜡）

图2.32　轮生叶序(茜草)　　　　　　图2.33　簇生叶序(银杏)

5)叶的变态

（1）叶卷须　叶卷须是指叶的部分退化成卷须状,用以攀援生长等,如豌豆的叶卷须是羽状复叶上部变态而成。

（2）鳞叶　叶的功能特化或退化成鳞片状。鳞叶有两种类型:一种是木本植物的鳞芽外的鳞叶,有保护芽的作用,又称为芽鳞;另一种是地下茎的鳞叶,这种鳞叶肥厚多汁,含有丰富的贮藏养料,如百合、洋葱的鳞叶。莲藕、荸荠的节上生有膜质干燥的鳞叶,为退化叶。

（3）苞片和总苞　苞片是指生在花下的变态叶,数目较多而聚生在花序基部的苞片称为总苞。苞片和总苞有保护花和果实的作用,如叶子花、一品红等。

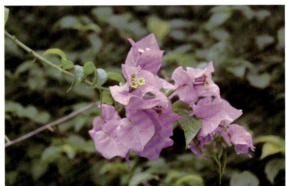

图2.34　叶卷须(豌豆)　　　　　　图2.35　苞片(叶子花)

（4）叶刺　叶刺由叶片或托叶退化成刺状,如仙人掌、洋槐、小檗等。

（5）捕虫叶　捕虫叶是指叶变态成可捕获并消化昆虫从而获取营养的植物,如猪笼草、瓶子草、捕蝇草等。

2.4　植物的花

一朵完整的花由花柄、花托、花被、雄蕊群和雌蕊群组成。

图2.36　叶刺(仙人掌)

图2.37　捕虫叶(猪笼草)

1)花柄与花托

花柄又称花梗,是着生花的小枝,花柄的顶端部分为花托。花梗的长短、花托的形状因植物种类而异。

2)花被

花被是花萼和花冠的总称。很多植物的花被分化成内外两轮,称为两被花,如山茶、丁香等。外轮花被多为绿色,称为花萼。内轮花被有鲜艳的颜色,称为花冠,由多片花瓣组成;有的植物只有1层花被,即只有花萼或花冠,称为单被花,如大麻、桑;有的植物完全没有花被,称为无被花,如杨树、垂柳等。

植物的花瓣形态、颜色、气味等因植物种类而异,由其构成的花冠也千差万别,常见的有蔷薇花冠、十字花冠、蝶形花冠、漏斗形花冠、钟状花冠、唇形花冠、管状花冠、舌状花冠、轮状花冠等。

十字形（白菜）　　　　坛状（越橘）　　　　钟状（桔梗）

轮状（番茄）　　　　　　蔷薇状（蔷薇）

图 2.38 花冠的类型（引自贾东坡《园林植物》,2022）

高脚碟状（茑萝）　舌状（向日葵）　管状（向日葵）　唇形（丹参）

蝶形（大豆）　漏斗形（牵牛）

3）雄蕊群

　　雄蕊群是花朵中雄蕊的总称，是花的重要组成部分。雄蕊由花丝和花药两部分组成。雄蕊的数目及类型是鉴别植物的标志之一。

4）雌蕊群

　　雌蕊位于花的中央部分，由柱头、花柱和子房 3 部分组成。花朵中所有的雌蕊称为雌蕊群。

5）花序

　　有些植物的花是单独着生于叶腋或枝顶，称为单生花，如桃、芍药、荷花等。但大多数植物是大量的花朵有规律地着生在花轴上，称为花序。园林植物常见的花序有总状花序、穗状花序、伞形花序、伞房花序、柔荑花序、圆锥花序、头状花序、隐头花序等。

图 2.39 总状花序（醉蝶花）

图 2.40 穗状花序（蕺菜）

图 2.41　伞形花序（梨）

图 2.42　伞房花序（山楂）

图 2.43　柔荑花序（垂柳）

图 2.44　圆锥花序（紫薇）

图 2.45　头状花序（向日葵）

图 2.46　隐头花序（榕树）

2.5　植物的果实

被子植物经开花、传粉和受精后，由子房或花的其他部分参与发育而形成果实。果实主要由胚珠发育而来的种子和由子房壁发育而成的果皮构成。

1）单果

单果是由 1 朵花中的单雌蕊或复雌蕊形成的果实，有肉质果与干果两大类。

肉质果成熟后,果实肉质多汁。常见的有浆果(葡萄、番茄、柿)、柑果(柑橘、柚、柠檬、橙)、核果(桃、杏、李、樱桃)、梨果(苹果、梨、山楂)等。

图2.47　浆果(葡萄)

图2.48　柑果(柑橘)

图2.49　核果(桃)

图2.50　梨果(苹果、梨)

干果成熟后,果皮干燥,开裂或不开裂。常见的有荚果(紫荆、合欢、花生)、菁葖果(牡丹、芍药、飞燕草)、蒴果(海桐、百合、牵牛、石竹、马齿苋)等。

图2.51　荚果(紫荆)

图2.52　蒴果(海桐)

2）聚合果

聚合果是 1 朵花中生有多数离生雌蕊，每个雌蕊形成 1 个小果聚生在花托上而成的果实。如莲、草莓、悬钩子等。

3）聚花果

聚花果是由整个花序形成的果实，也称复果。如无花果、菠萝、桑等。

图 2.53　聚合果（莲）

图 2.54　聚花果（无花果）

3 园林植物分类

据估算,地球上约有植物 50 万种,其中高等植物超过 35 万种。我国疆域辽阔、地形地势复杂多变、气候类型丰富多样,原产我国的高等植物超过 3 万种,既是我国丰富的生物物种资源的主要构成成分,也为我国赢得了"世界园林之母"的美誉。综合文献记录显示,我国维管植物的数量每年仍在以上百个物种的规模增长,不论从研究、认识的角度,还是从生产、消费的角度,都需要对纷繁复杂的植物进行归纳分类。

植物分类的方法有自然分类法和实用分类法两种。自然分类法是以植物界中各种植物之间的亲缘关系远近,以及其由低级到高级的系统演化关系为依据的分类方法。自然分类法科学性较强,在生产实践中也有重要意义,如人工杂交培育新品种、嫁接繁殖等都需要从植物的亲缘关系远近入手;实用分类法是按照人类的目的和方法,以植物的典型特征或经济意义为依据的分类方法,如将植物分为木本、草本植物等。实用分类法简单易懂,易于掌握,但不能反映植物类群的进化规律与亲缘关系。

3.1 园林植物自然分类

植物自然分类系统中,较为常用的主要有恩格勒系统、哈钦松系统、塔赫他间、克郎奎斯特系统、郑万钧系统等。2016 年,由被子植物系统发育研究组(Angiosperm Phylogeny Group)在分子系统发育研究的基础上建立的被子植物分类系统第四版,即 APG Ⅳ 系统在国际植物分类学界广受推崇,应用范围日益广泛。

1) 物种的概念

物种简称"种",是指有一定分布区域,类群中个体间都有着极其相似的形态特征和生理、生态特性,个体可以交配并繁衍后代,且与其他生物有生殖隔离现象。物种是生物分类学研究的基本单位。

物种具有相对稳定性,但在长期的种族延续中也会不断产生变化,导致同种内出现有差异群体、个体。分类学家根据差异大小,将种下分为亚种(Subspecies)、变种(Varietas)和变型(Forma)。

(1)亚种　是物种内的变异类型,其形态构造有显著变化,地带性的分布区域特征也十分明显。

（2）变种　是物种内的变异类型，其形态构造有显著变化，但没有明显的地带性分布区域。

（3）变型　是物种内形态特征等方面变异较小的类型，如叶片、花朵的颜色发生变化，或者花型发生改变等。

2）自然分类系统的等级

自然分类系统中，由界（Kingdom）、门（Division）、纲（Class）、目（Order）、科（Family）、属（Genus）、种（Species）7个等级构成，每个等级又可根据情况再分亚级。如：

界（Kingdom）……植物界 Plantae
门（Division）……被子植物门 Angiospermae
纲（Class）……木兰纲 Magnoliopsida
目（Order）……木兰目 Magnoliales
科（Family）……木兰科 Magnoliaceae
属（Genus）……玉兰属 *Yulania*
种（Species）……玉兰 *Yulania denudata*

按照上述分类等级，植物分类学家以"种"为基本单位，把相近的种集合为属，又将类似的属集合为科，将类似的科集合为目，随后集目为纲、集纲为门、集门为界，进而形成一个完整的自然分类系统。

园林、园艺、农业、林业生产中，还存在人工培育创造出来有观赏、药用、食用等经济价值的植物，一般视之为品种（Cultivar）。

3）国际植物命名法

每种植物在不同的国家，甚至在同一个国家内的不同地方名称不同，如北京的玉兰，在湖南叫应春花，河南叫白玉兰，浙江叫望春花，四川叫木花树等。为避免同名异物或同物异名的混乱现象，以及方便科学界的交流和生产中对植物资源的利用，植物学界制订了国际植物命名法规，规定以双名法（binomial nomenclature）为植物的学名命名法。

双名法是用两个拉丁字或拉丁化的字作为植物的学名。第一个字是属名，首个字母大写，多为名词；第二个字是种名，多为形容词。书写时，属名和种名要斜体。双名之后再附上命名人的姓氏缩写（首个字母大写）和命名年份，即完整的植物学名。有时候为了使用简便，书写时常省略命名年份，如银杏 *Ginkgo biloba* L.（L. 是命名人林奈 Linnaeus 的缩写）。

如某种植物是由两个人共同命名的，应将二人的姓氏缩写均附上，且在其间加上连词"et"或"&"符号，如水杉 *Metasequoia glyptostroboides* Hu et Cheng.，其中的 Hu 和 Cheng 分别是我国近代植物学家胡先骕先生与郑万钧先生的姓氏缩写。

如某植物由某一人命名，但由另一人代为发表，则应先写原命名人的缩写，再写一前置词 ex 表示"来自"之意，最后再写代为发表论文的作者姓氏缩写。如榛 *Corylus heterophylla* Fisch. ex Trautv.。

种以下的变种，则在种名之后加"var."后再加上变种名，如樟子松是欧洲赤松的变种，其学名为 *Pinus sylvestris* var. *mongolica* Litv.；变型则加缩写的"f."后再写变型名，如银杏的变型黄叶银杏，其学名为 *Ginkgo biloba* f. *aurea* Beissn.；栽培种则在种名后将品种名正体写于单引号内，如栽培种鸭尾银杏，其学名为 *Ginkgo biloba* cv. 'Yaweiyinxing'，首个字母大写，不必附命名人。根据新版植物命名法规，学名中"cv."也可以省略，即直接写成 *Ginkgo biloba* 'Yaweiyinxing'。

3.2　园林植物实用分类

1）按植物生长型分类

（1）木本植物

①乔木类：树体高大挺拔，主干明显，树高常在 6 m 及以上，侧枝由主干发出。常见植物如悬铃木、银杏、黄葛树、榕树等。

乔木类又可根据植株高矮分为伟乔（31 m 以上）、大乔木（21～31 m）、中乔木（11～20 m）、小乔木（6～10 m）等。

②灌木类：树体高度常在 6 m 以下，且地上部茎干不明显，或由地面萌发数枝呈丛生。常见植物如南天竹、蜡梅、月季、玫瑰、栀子花、贴梗海棠等。

③藤木类：植株茎木质化，细长而柔弱，直立性差，常需借助特化的攀援器官或自身的缠绕性攀附、缠绕他物才能向上生长。常见植物如葡萄、紫藤、常春藤、油麻藤、络石、凌霄等。

④匍匐类：植株低矮，茎枝匍地而生，横向延展显著强于高生长。常见植物如铺地柏、沙地柏等。

（2）草本植物

①一二年生草花：从播种到开花、结实、枯死均在 1～2 个生长季内完成的植物，如春天播种，当年夏秋开花结实，入冬前植株枯死的凤仙花、鸡冠花、百日草、万寿菊、波斯菊等。或在 2 个生长季内完成生活史的花卉为二年生花卉，如秋天播种，次春开花结实，夏季枯死的桂竹香、羽衣甘蓝等。

②宿根花卉：冬季地上部分枯死、根系在土壤中宿存，次春温度上升后根系重新萌芽的多年生植物，如菊花、芍药、大花萱草、宿根福禄考、荷包牡丹等。

③球根花卉：地下部分具有肥大的变态根或变态茎的多年生植物，有鳞茎类、球茎类、块茎类、根茎类、块根类等类别，如朱顶红、郁金香、百合、大丽花等。

④水生花卉：常年生长在水中或沼泽地中，在栽培上具明显的独特性的植物，有挺水、浮水、漂浮、沉水等类别，如荷花、睡莲、王莲、千屈菜、香蒲、凤眼莲、金鱼藻、苦草、黑藻等。

⑤兰科花卉：特指比较特化的兰科植物类群，有悠久的栽培历史和众多的种类品种，各地广泛分布有中国兰、西洋兰两大类群，包括春兰、建兰、墨兰、石斛兰、蝴蝶兰、兜兰等。

⑥多浆多肉植物：茎常变态为肥厚多肉的组织，有较强贮存水分与营养能力的植物。此类植物适应能力强，能耐干旱瘠薄土地，如燕子掌、景天、酒瓶兰等，以及叶常变态为针刺状的仙人掌科植物。

2）按园林用途分类

（1）园景树类　树体高大、树形美观，常配植于广场中心、道路交叉口或坡路转角以及草坪中央等处的木本植物，如银杏、黄葛树、樟、合欢、雪松、油松等。

（2）庭荫树类　树体高大挺拔、冠大荫浓、枝繁叶茂、以遮阴为主要目的的木本植物,常配植于庭院、道旁、廊架等处,如黄葛树、合欢、银杏、桂花、樟等。

（3）行道树类　常配植于道路两旁打造街景,也可以为行人车辆遮阴的木本植物。行道树一般生性健全、适应能力强、生长速度快、寿命长、耐整形修剪、抗污染能力强,如悬铃木、银杏、榕树、樟、天竺桂、荷花木兰等。

（4）花木类　具有美丽的花朵、花序,其花形、花色或花香有独特观赏价值的木本植物,如山茶、蜡梅、玉兰、樱花、紫荆、紫薇等。

（5）藤木类　适合用作棚架、廊架、墙体、拱门、山石、树桩等立体绿化栽植的藤蔓类树种,如葡萄、紫藤、常春藤、油麻藤、络石、凌霄等。

（6）植篱类　植株低矮、生长较慢、枝叶茂密、耐整形修剪、适宜用作绿篱的植物,如珊瑚树、小叶女贞、黄杨、红花檵木、木槿、圆柏、侧柏等。

（7）地被植物类　适合用于覆盖裸露地面,有较好固土护岸、阻滞尘埃以及观赏价值的低矮植物,如箬竹、金银花、爬山虎、常春藤、铺地柏、紫花地丁、白三叶等。

（8）花坛花卉类　适宜用作布置花坛的露地花卉,如三色堇、石竹、凤仙花、一串红、万寿菊、羽衣甘蓝等。

（9）盆栽花卉类　适宜以盆栽形式装点布置室内及庭园的植物,包括盆景、桩景等,如杜鹃、红花檵木、扶桑、文竹、金橘等。

（10）切花花卉类　适宜剪切花朵、花枝、叶片等用作插花与花艺创作素材的植物,如玫瑰、月季、蜡梅、桃花、梅花、牡丹、非洲菊、满天星、鹤望兰等。

3）按生态习性分类

（1）按对温度要求的分类

①耐寒植物:具有较强的耐寒力,在较寒冷的北方能露地越冬的植物,如郁金香、丁香、蜀葵、玉簪等。

②不耐寒植物:其生长期间要求较高的温度,较难忍受 0 ℃ 及以下的低温,多原产热带及亚热带地区,如美女樱、紫茉莉、唐菖蒲、晚香玉等。

③半耐寒植物:耐寒力介于耐寒花卉与不耐寒花卉之间,生长期间能忍受短暂的 0 ℃ 左右的低温,如梅花、桂花、夹竹桃、金盏菊、紫罗兰、桂竹香等。

（2）按对光照要求的分类

● 光照强度

①阳性植物:在全光照条件下生长发育良好,耐阴能力差的植物,如香石竹、旱金莲、唐菖蒲等。

②阴性植物:在半阴条件下生长发育良好,不能忍受强光直射的植物,如蕨类、兰花类、杜鹃类及秋海棠类等。

③中性植物:对光照的适应能力强,介于阳性植物、阴性植物之间,既喜光向阳又稍耐阴,但在强光照或全阴条件下又生长不良的植物,如南天竹、昙花、八仙花等。

● 光照长短

①短日照花卉:生长发育期要有一定时长昼短夜长的短日照条件才能现蕾开花的植物,如菊花、一品红等。

②长日照花卉:需要一定时长昼长夜短的长日照光照条件才能由营养生长向生殖生长阶段

转化的植物,如唐菖蒲、米兰、香豌豆等。

③中日照花卉:对日照时间长短的反应不明显,只要环境条件适宜,四季均可开花的植物,如月季、扶桑、天竺葵等。

（3）按对水分适应性的分类

①旱生植物:能适应干旱少雨的气候及生态环境,能耐较长时间缺水的植物,如仙人掌、虎刺梅、半枝莲等。

②湿生植物:生长期需较多的水分与较高的空气湿度,在干旱环境中生长发育不良的植物,如海芋、旱伞草、鸭跖草等。

③水生植物:适宜生长在水中或沼泽地,极难适应干旱少雨环境的植物,如荷花、睡莲、王莲、凤眼莲、狐尾藻等。

④中生花卉:有一定的耐旱力或耐湿力,在水湿条件适中的土壤上生长发育良好的植物,如兰花、扶桑、月季、茉莉等。

（4）按花卉对土壤要求的分类

①酸性土花卉:适宜在酸性土壤中生长,在中性及碱性土壤中生长发育不良的植物,如栀子、杜鹃、山茶等。

②碱性土花卉:适宜在碱性土壤中生长,在酸性土壤中生长发育不良的植物,如瓜叶菊、石竹、天竺葵等。

③中性土花卉:对土壤的适应性较强,最喜欢在中性土壤中生长的植物,如月季、菊花、一串红、凤仙花。

下篇

各　论

4 观赏蕨类

4.1 桫椤科 Cyatheaceae

桫椤属 *Alsophila*

桫椤 *Alsophila spinulosa*（Wall. ex Hook.）R. M. Tryon

【别名】树蕨。

【形态特征】茎干高 1～3 m 或更高，叶螺旋状排列于茎顶端。叶柄和叶轴粗壮，深棕色，有密刺。大型羽状复叶、纸质，长 1～2 m，宽 0.4～1.5 m，三回羽状深裂，小羽片羽裂几达羽轴。裂片披针形，有疏锯齿。

【分布习性】桫椤主产热带和亚热带地区，我国西南、华中等地有分布。喜温暖潮湿气候和半阴环境，适生于疏松肥沃的微酸性砂质壤土。

【繁殖栽培】桫椤多采用孢子繁殖，于孢子成熟期，取孢子粒贮藏备用。待地温 10 ℃以上时即可人工撒播，最佳温度 20～25 ℃。

【园林应用】桫椤是现今发现唯一的木本蕨类植物，素有"蕨类植物之王""活化石"之称，是国家二级保护植物。桫椤树体高大挺拔，树形美观，茎苍叶秀，园林中可孤植、丛植、群植庭院、林缘等处，也可盆栽观赏。

图 4.1 桫椤

图 4.2 桫椤

4.2　肾蕨科 Nephrolepidaceae

肾蕨属 *Nephrolepis*

肾蕨 *Nephrolepis cordifolia*（Linn.）C. Presl.

【别名】蜈蚣草、圆羊齿、篦子草。

【形态特征】多年生草本，根茎直立，被蓬松的淡棕色鳞片。粗铁丝状的匍匐茎棕褐色，易生块茎。叶丛生，一回羽状复叶，长可达 60 cm，宽 5 ~ 7 cm，斜上升，浅绿色。小羽片长 3 cm，缘有疏浅钝锯齿。

【分布习性】肾蕨广布世界热带及亚热带地区，我国南方各地有分布。喜温暖潮湿环境，较耐旱。忌强光直射，喜半阴，不耐寒、耐瘠薄。对土壤要求不严，以疏松、肥沃、透气、富含腐殖质的中性或微酸性壤土生长最为良好。

【繁殖栽培】肾蕨以分株繁殖最为常用，多春季进行，带根、茎、叶分栽即可。播种繁殖，可剪取有成熟孢子的叶片，取孢子均匀喷布于基质上，保持湿润，适温 20 ~ 25 ℃，约 4 周即可发芽。

【园林应用】肾蕨株型优美，叶色青翠，四季常青，可作地被，或与山石相配植于池畔、路缘、墙角等地，也可盆栽摆放在书桌、茶几、窗台上，或切叶用作插花素材等。

图 4.3　肾蕨

图 4.4　肾蕨

4.3　凤尾蕨科 Pteridaceae

铁线蕨属 *Adiantum*

铁线蕨 *Adiantum capillus-veneris* Linn.

【别名】铁丝草、铁线草。

【形态特征】多年生草本，植株矮小纤细，具匍匐根茎，株高 30 ~ 50 cm，直立而开展。叶柄纤细，紫黑色,有光泽。二至三回羽状复叶,薄革质,草绿色。叶形变化大,小叶多扇形,外缘斜圆形,浅裂至深裂。孢子囊群生于叶背外缘。

【分布习性】铁线蕨原产美洲热带及欧洲温暖地区,我国长江流域及以南多有分布,西北、华北也有。喜温暖湿润及荫蔽环境,忌强光直射,不甚耐寒,适生于疏松透水、肥沃的石灰质壤土。

【繁殖栽培】同肾蕨。

【园林应用】铁线蕨适应能力强,栽培管理简单,宜用作地被,或配植林缘、池畔、角隅等处,也可适合盆栽置放案头、茶几观赏等。

图4.5　铁线蕨　　　　　　　　　　　　图4.6　铁线蕨

4.4　水龙骨科 Polypodiaceae

鹿角蕨属 Platycerium

鹿角蕨 Platycerium wallichii Hook.

【别名】重裂鹿角蕨、长叶鹿角蕨、爪哇鹿角蕨、绿孢鹿角蕨。

【形态特征】附生蕨类植物,多年生草本状,有肉质的根状茎,粗短、横卧,密被淡棕色鳞片。二型叶排成2列。基生叶不育、厚革质,下部肉质,厚可达1 cm,上部较薄,直立无柄,常贴生于树干上,长可达40 cm,3～5裂,两面疏被星状柔毛,初时绿色,不久枯萎,褐色。正常能育叶常成对生长,下垂,灰绿色,长25～70 cm,3裂为主,裂片大小不等,孢子囊散生于主裂片,初时绿色,后渐变黄色。

【分布习性】鹿角蕨产自我国云南,缅甸、印度、泰国等地也有分布,性喜温暖湿润气候,不耐低温寒冷,常附生他物生长。

【繁殖栽培】鹿角蕨以分株繁殖为主,最宜春季分丛栽植。

【园林应用】鹿角蕨姿态奇特,叶形美观,是国家二级保护植物。园林中常布置热带地区的公园、植物园、庭院等地,附生他物,或盆栽悬垂观赏,美丽异常。

图 4.7　鹿角蕨

图 4.8　鹿角蕨

4.5　铁角蕨科 Aspleniaceae

铁角蕨属 *Asplenium*

巢蕨 *Asplenium nidus* Linn.

【别名】鸟巢蕨、尖叶巢蕨、台湾山苏花、山苏花。

【形态特征】附生草本植物,株高可达1 m,根状茎直立,粗短,深棕色,先端密被棕褐色鳞片,鳞片线形、先端纤维状并卷曲,有光泽。叶薄革质,光滑无毛,下延、有柄。叶片阔披针形,全缘并有软骨质狭边,干后反卷。同属常见栽培有阔翅巢蕨(*Asplenium antrophyoides* 'Christ')。

【分布习性】巢蕨产于我国西南、华南和东南等地,现热带及部分亚热带地区广泛栽培,适生于雨林树干、岩石等处。性喜温暖湿润气候及半阴环境,不耐寒,不耐旱,不耐强光直射。

【繁殖栽培】巢蕨繁殖方法简便,以春季分株繁殖为主,也可取成熟孢子混砂撒播。

【园林应用】巢蕨叶簇生呈鸟巢状,形态清奇,叶色浓绿光亮,观赏价值高。园林中非常适宜布置打造热带雨林景观,也是盆景观赏以及布置宾馆、庭院、厨卫等室内空间的优秀材料。

图 4.9　巢蕨

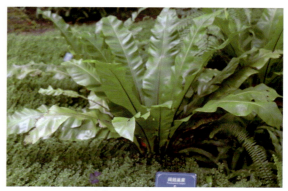

图 4.10　阔翅巢蕨

4.6 里白科 Gleicheniaceae

芒萁属 *Dicranopteris*

芒萁 *Dicranopteris pedata*（Houttuyn）Nakaike

【别名】铁芒萁。

【形态特征】芒萁为多年生半灌木状植物,株高可达 3～5 m。根状茎横走,深棕色,有锈色柔毛。叶柄长,初时被棕色毛,后渐变光滑。叶轴多回两叉状分枝,腋芽卵形,密被锈色毛。裂片平展,15～40 对,线状披针形,全缘、纸质,叶表绿色叶背灰白色,光滑无毛。

【分布习性】芒萁原产我国华南、西南区域的热带、亚热带地区,现各地多有分布。适应能力强,喜强酸性土质的荒坡、林缘等处,是酸性土壤的指示植物。

【繁殖栽培】芒萁自衍能力强,农林业生产中常视之为杂草,生产中宜控制其生长范围,避免过度蔓延。如需繁殖,以分株最为简便易行。

【园林应用】芒萁生性强健,枝叶青翠秀丽,亦有较高的经济价值和生态效益。园林中可配植林缘、坡地,或用作荒山绿化等。

图4.11 芒萁

图4.12 芒萁

4.7 海金沙科 Lygodiaceae

海金沙属 *Lygodium*

海金沙 *Lygodium japonicum*（Thunb.）Sw.

【别名】狭叶海金沙。

【形态特征】海金沙为陆生攀援性植物,茎蔓可长达 4 m。叶轴有狭边,羽片多数,对生、平展。不育羽片尖三角形,叶缘有浅圆锯齿。主脉明显,侧脉纤细,叶纸质。能育叶羽片卵状三角形,孢子囊,排列稀疏,暗褐色。

【**分布习性**】海金沙在我国广泛分布,南北均有。喜温暖湿润环境,不耐干旱,稍耐水湿。喜散射光,不耐强光直射,性喜疏松肥沃排水良好的砂质壤土,是酸性土壤的指示植物。

【**繁殖栽培**】海金沙以分株繁殖最为简便易行,可在春季掘出横茎分丛栽植,成活率高。

【**园林应用**】海金沙药用价值高,是常用中药材之一。适生于草地林缘、山坡灌丛、溪畔河谷等处,喜缠绕攀援他物生长。园林中可配植围篱、山石盆景等,甚有雅趣。

图4.13　海金沙

图4.14　海金沙

5 乔木类

5.1　银杏科 Ginkgoaceae

银杏属 *Ginkgo*

银杏 *Ginkgo biloba* Linn.

【别名】白果树、公孙树、鸭掌树。

【形态特征】落叶大乔木,胸径可达 4 m,幼年及壮年树冠圆锥形,老则广卵形。幼树树皮近平滑,浅灰色,大树之皮灰褐色,不规则纵裂,粗糙。枝近轮生,斜上伸展,且雌株的大枝常较雄株更为开展。叶扇形,有多数叉状并列细脉,长枝上辐射状散生、短枝上 3~5 枚呈簇生状,叶柄细长,秋季落叶前变为黄色。雌雄异株,单性。雄球花葇荑花序状,下垂。雌球花具长梗,梗端常分叉,每叉有一胚珠发育成种子。果实椭圆形、长倒卵形、卵圆形或近圆球形,径约 2 cm,被白粉。4 月开花,10 月果实成熟。

图5.1　银杏

图5.2　银杏

【分布习性】银杏曾广泛分布于北半球的欧、亚、美洲等地,后因地史变迁仅分布于我国的银杏幸存。经引种,银杏现已经广泛分布于亚、欧、美及大洋洲等地。银杏为阳性树,不耐积水,较耐旱。对土壤要求不严,喜湿润而排水良好的深厚壤土,但以中性或微酸土壤最适宜。银杏的变种、变型及品种较多,常见有较高观赏价值的主要有斑叶银杏(f. *variegata* Carr.)、黄叶银杏(f. *aurea* Beissn.)、塔状银杏(f. *fastigiata* Rehd.)、大叶银杏(var. *lacinata*)、垂枝银杏(var. *pendula*)等。

图 5.3　银杏

图 5.4　银杏

【**繁殖栽培**】银杏以播种、扦插、嫁接繁殖为主,也可分株繁殖。播种繁殖宜将种子砂藏层积处理至次春进行。扦插、嫁接、分株等营养繁殖能有效提早银杏的花果期。

【**园林应用**】银杏生长较慢,寿命极长,是现存种子植物中最古老的孑遗植物,有活化石之美誉。银杏树体高大挺拔,适应能力很强,春夏时节绿叶清新秀丽,秋季则叶色金黄,是四川成都、浙江湖州、辽宁丹东、山东临沂等地的市树。园林中适宜用作行道树、庭荫树、独赏树、秋景树以及风景林等,也可制作盆景。

图 5.5　银杏

图 5.6　银杏

5.2　南洋杉科 Araucariaceae

南洋杉属 *Araucaria*

南洋杉 *Araucaria cunninghamii* Sweet

【**别名**】尖叶南洋杉、鳞叶南洋杉。

【形态特征】常绿大乔木，高可达 60～70 m，胸径达 1 m 以上。幼树呈整齐的尖塔形，老树呈平顶状。主枝轮生，平展，侧枝亦平展或稍下垂。叶螺旋状互生或交叉对生，基部下延生长。二型叶，即侧枝及幼枝之叶多呈针状，质软，开展，排列疏松，老枝之上的叶则密聚，披针形或三角状钻形。雌雄异株，罕同株。雄球花圆柱形，单生或簇生叶腋或枝顶，雌球花单生枝顶，椭圆形或近球形。球果 2～3 年成熟，卵形，种子无翅。

【分布习性】南洋杉原产大洋洲东南沿海地区，现各地广泛栽培。南洋杉生长迅速，再生能力强，易生萌蘖。其性喜暖热湿润之气候，不耐干燥及寒冷，喜生于肥沃土壤，较耐风。

【繁殖栽培】南洋杉以播种繁殖为主，也可扦插、压条繁殖。播种繁殖因种皮坚实、发芽率低，宜提前刻破种皮，以利发芽。扦插繁殖宜选择主枝作插穗，春、夏季均可进行，插后确保 18～25 ℃及较高空气湿度，约 4 个月可生根。

【园林应用】南洋杉树体高大挺拔，姿态优美，宜独植为园景树、纪念树，亦可作行道树。南洋杉还是珍贵的室内盆栽装饰树种。

图 5.7　南洋杉

图 5.8　南洋杉

5.3　松科 Pinaceae

1）铁杉属 Tsuga

铁杉 Tsuga chinensis（Franch.）Pritz.

铁杉

2）银杉属 Cathaya

银杉 Cathaya argyrophylla Chun et Kuang

银杉

3）雪松属 Cedrus

雪松 Cedrus deodara（Roxb.）G. Don

【别名】香柏、喜马拉雅杉、喜马拉雅雪松。

【形态特征】常绿乔木，树冠圆锥形，树皮灰褐色，鳞片状裂。大枝不规则轮生，平展。叶针状，灰绿色,短枝顶聚生 20～60 枚。雌雄异株,少数同株。

【分布习性】雪松原产喜马拉雅山西部,我国长江流域常见栽培。阳性树种,耐旱、耐寒,稍耐阴,对土壤要求不严,忌积水。雪松是速生树种,年均高生长 50～80 cm,抗污染能力不强,畏烟尘、SO_2 使幼叶迅速枯萎。

【繁殖栽培】雪松以播种、扦插繁殖为主。播种繁殖宜春播,幼苗期需注意遮阴,翌年春季即可移植。扦插繁殖春、夏两季均可进行。

【园林应用】雪松高大挺拔,树形美观,是江苏南京、山东青岛、安徽蚌埠等地的市树。园林中适宜孤植于草坪中央,广场中心或主要建筑物两旁或出入口等处,也可列植于园路两旁以及用于休闲绿地、大广场等地。

图 5.11　雪松

图 5.12　雪松

4)松属 *Pinus*

(1)马尾松 *Pinus massoniana* Lamb.

【别名】青松、山松。

【形态特征】常绿乔木,树高可达 45 m,树皮红褐色,下部灰褐色,裂成不规则的鳞状块片。枝平展或斜展,树冠宽塔形或伞形。叶 2 针 1 束,偶见 3 针 1 束,长 12～20 cm,细长柔软,微扭曲,两面有气孔线,边缘有细锯齿。花期 4—5 月,雄球花淡红褐色,圆柱形,弯垂,长 1～1.5 cm,聚生于新枝下部。雌球花单生或 2～4 个聚生于新枝近顶端,淡紫红色。球果卵圆形或圆锥状卵圆形,有短梗,下垂,成熟前绿色,熟时栗褐色,次年 10—12 月成熟。

【分布习性】马尾松分布于秦岭淮河以南广大地区,是国产松属中分布最广的一种。性喜温暖湿润气候,强阳性树种,幼苗亦不耐阴。根系发达,主根明显,对土壤要求不严格,喜微酸性土壤,但怕水涝,不耐盐碱,极耐瘠薄土地。

【繁殖栽培】马尾松以播种繁殖为主,也可扦插繁殖,但生根较困难。播种繁殖宜早春进行,条播为佳。

【园林应用】马尾松高大雄伟,姿态古奇,适应性强,抗风力强,耐烟尘,适宜山涧、谷中、岩际、池畔、道旁配植和山地造林,也适合在庭前、亭旁、假山之间孤植。长江流域及以南地区自然风景区和普遍绿化及荒山造林先锋树种。

图5.13　马尾松　　　　　　　　　　　　　图5.14　马尾松

（2）油松 *Pinus tabuliformis* Carrière

【别名】短叶松、短叶马尾松、红皮松。

【形态特征】常绿大乔木，高可达 25 m，胸径可达 1 m 以上。树皮灰褐色，不规则较厚的鳞状块片裂。枝平展或向下斜展，老树树冠平顶。小枝较粗，黄褐色，幼时微被白粉。冬芽矩圆形，顶端尖，芽鳞红褐色。叶 2 针 1 束，粗硬，长 10～15 cm。球果卵形至卵圆形，有短梗，向下弯垂，成熟前绿色，熟时淡黄色或淡褐黄色，常宿存数年之久。花期4—5月，球果次 10 月成熟。

【分布习性】中国特有树种，我国东北、华北、华东、西北等地有栽培。喜光、深根性树种，适生于冷凉干燥及土层深厚、排水良好的酸性和中性土壤中。

【繁殖栽培】油松最宜播种繁殖，可早春进行，播前温汤浸种催芽，可提高出苗率。

【园林应用】油松挺拔苍劲，四季常春，不畏风雪严寒，是内蒙古呼和浩特、赤峰等地的市树。园林中宜作行道树、庭荫树等，也可独植、丛植、纯林群植，或营造风景林等。

图5.15　油松　　　　　　　　　　　　　图5.16　油松

（3）白皮松 *Pinus bungeana* Zucc. et Endl

【别名】白骨松、三针松、虎皮松、蟠龙松。

【形态特征】常绿乔木,树冠宽塔形至伞形,主干明显或近基部分叉。幼树树皮灰绿色平滑,成年树皮不规则薄片脱落,内皮灰白色,外皮灰绿色。针叶粗硬,3 针 1 束,叶鞘早落。球果锥状。

【分布习性】我国特有树种,广泛分布于我国华北、西北、华东等地,长江流域亦有栽培。阳性树种,耐旱、耐寒,稍耐阴,耐瘠薄土壤及较干冷的气候。在气候温凉、土层深厚、肥沃的钙质土生长良好。病虫害少,对 SO_2 及烟尘有较强抗性。

【繁殖栽培】白皮松以播种繁殖为主,也可以油松为砧木进行嫁接繁殖。

【园林应用】白皮松树姿优美,树皮奇特,是陕西宝鸡市树。园林中可孤植、对植于庭院中,也可丛植成林或作行道树公共绿地。

图 5.17　白皮松

图 5.18　白皮松

（4）黑松 *Pinus thunbergii* Parl.

（5）五针松 *Pinus parviflora* Sieb. et Zucc.

黑松

【别名】日本五针松、日本五须松。

【形态特征】常绿乔木,叶针状,长 3～5 cm,细弱而光滑,常 5 针 1 束生于枝顶或侧枝上。皮灰褐色,老干有不规则鳞片状剥裂,内皮赤褐色,一年生小枝淡褐色,密生淡黄色柔毛。花期 5 月,球花单性同株。球果卵圆形,翌年 10—11 月成熟。

　　常见栽培的有'银尖'五针松（var. *alb-terminata*）、'短叶'五针松（var. *brevifolia*）、'龙爪'五针松（var. *tortuosa*）、'斑叶'五针松（var. *variegata*）等。

【分布习性】五针松原产日本,现我国长江流域有栽培,尤以盆景居多。阳性树,稍耐阴。喜生于土壤深厚、排水良好而适当湿润之处,阴湿之处生长不良。生长速度缓慢。

【繁殖栽培】五针松以播种繁殖为主,也可扦插、嫁接繁殖等。嫁接繁殖多以黑松作砧木。

【园林应用】五针松姿态端庄,观赏价值极高,既适合庭园点缀布置,或与山石配置形成优美园景,也是制作盆景、桩景的优良素材。

图 5.21　五针松

图 5.22　五针松

5）金钱松属 *Pseudolarix*

金钱松 *Pseudolarix amabilis*（J. Nelson）Rehd.

【形态特征】落叶乔木,高可达 40 m,树冠宽塔形。树干通直,树皮粗糙,大枝平展,灰褐色,不规则鳞片状脱落块片。幼枝淡红褐色或淡红黄色,短枝生长慢。叶条形,柔软,镰状或直,短枝之叶簇状密生,平展成圆盘形,秋后叶呈金黄色。雄球花黄色,圆柱状,下垂,雌球花紫红色,直立,椭圆形,有短梗。球果卵圆形或倒卵圆形。花期 4 月,球果 10 月成熟。

【分布习性】金钱松在我国华东、西南、东南等地有分布。生长较快,喜温暖、多雨、土层深厚、肥沃、排水良好的酸性土环境。喜光、稍耐阴、略耐寒。

【繁殖栽培】金钱松扦插、播种繁殖均可。播种繁殖多在春季进行,扦插繁殖则春秋均可。

【园林应用】金钱松树姿优美,叶在短枝上簇生,辐射平展成圆盘状,似铜钱,且深秋叶色金黄,美丽大方,观赏价值极高。园林中可孤植、丛植、列植或用作风景林,也可制作盆景。

图 5.23　金钱松

图 5.24　金钱松

5.4 柏科 Cupressaceae

1）水杉属 *Metasequoia*

水杉 *Metasequoia glyptostroboides* Hu et W. C. Cheng

【别名】活化石、梳子杉。

【形态特征】落叶乔木,高可达 35 m,干基部多膨大。幼树树冠尖塔形,老树树冠广圆形,枝叶稀疏。树皮灰褐色,呈薄片状或长条状脱落,内皮淡紫褐色。一年生枝光滑无毛,幼时绿色,后渐变成淡褐色。侧生小枝排成羽状,长 4~15 cm,冬季凋落。叶条形,正面淡绿色,背面色较淡,于小枝上呈羽状排列,冬季与枝同落。近四棱状球形球果下垂,成熟前绿色,熟时深褐色。花期 3—4 月,球果 11 月成熟。

【分布习性】水杉原产湖北、重庆、湖南交界一带,现国内外各地广泛栽培。喜光、耐水湿,根系发达,对土壤要求不严,适生于气候温暖湿润,夏季凉爽,冬季不甚严寒之地。

【繁殖栽培】水杉以播种繁殖为主,也可扦插繁殖。播种繁殖宜将种子干藏至次年 3 月进行,条播、撒播均可,保持苗床湿润、覆草不宜过厚。扦插繁殖则硬枝扦插、嫩枝扦插均可。硬枝扦插宜在 3 月进行,嫩枝扦插则适宜在 5 月下旬至 6 月上旬进行。

【园林应用】水杉树枝挺拔、姿态优美,素有"活化石"之称,是著名的庭园树种,也是湖北武汉等地的市树。园林中适宜列植、丛植、片植等,也可营造风景林。

图 5.25 水杉

图 5.26 水杉

2）杉木属 *Cunninghamia*

杉木 *Cunninghamia lanceolata*（Lamb.）Hook.

3）落羽杉属 *Taxodium*

（1）墨西哥落羽杉 *Taxodium mucronatum* Tenore

【别名】墨西哥落羽松。

【形态特征】半常绿或落叶乔木,在原产地高可达 50 m,胸径可达 4 m。树干尖削度大,基部膨大,树皮裂成长条片脱落,枝条水平开展,形成宽圆锥形树冠。叶条形,扁平,排列紧密,呈 2 列、羽状。雄球花卵圆形,近无梗,组成圆锥花序状。球果卵圆形。

杉木

【分布习性】原产墨西哥及美国西南部,现国内江苏、浙江、上海、湖北、四川、重庆等地有引种。喜光,喜温暖湿润气候,耐水湿,耐寒,对耐盐碱土适应能力强。生长速度较快。

【繁殖栽培】播种繁殖为主,也可扦插繁殖。播种繁殖多春季进行,扦插繁殖则软枝扦插、硬枝扦插皆可。

【园林应用】墨西哥落羽杉枝繁叶茂,落叶期短,生长快,树形高大挺拔,可孤植、对植、丛植和群植,也可列植作行道树。

图5.29　墨西哥落羽杉　　　　　　　　图5.30　墨西哥落羽杉

（2）池杉 *Taxodium distichum* var. *imbricatum*（Nuttall）Croom

【别名】池柏、沼杉。

【形态特征】落叶乔木。树干基部膨大,常有呼吸根。树皮褐色,有沟,长条片状剥落。大枝斜上伸展,小枝直立,红褐色。叶钻形,少数幼枝之叶呈线形,长0.5~1.0 cm,紧贴小枝,在小枝上螺旋状排列。球花单生于枝顶,球果椭圆状,淡褐色,径1~3 cm。花期4月,果10月成熟。

【分布习性】池杉原产美国、墨西哥等地,我国江苏、浙江、广东、湖北、重庆等地有引种。强阳性树种,生长迅速,抗风力强,喜温暖、湿润环境,耐旱、耐涝、稍耐寒、不耐阴,适生于深厚疏松的酸性或微酸性土壤。

【繁殖栽培】扦插繁殖为主,也可播种繁殖,但播种繁殖发芽率较低。

【园林应用】池杉树形婆娑,枝叶秀丽,秋叶棕褐色,可于水边湿地成片栽植,也可孤植、丛植,或列植作行道树。

图5.31　池杉　　　　　　　　　　　图5.32　池杉

4）柏木属 *Cupressus*

柏木 *Cupressus funebris* Endl.

【别名】垂丝柏、柏树、扫帚柏、香扁柏。

【形态特征】常绿乔木，高可达 35 m，树冠狭圆锥形。树皮淡褐灰色，裂成窄长条片。小枝细长下垂，圆柱形。球果小、木质。花期 3—5 月，球果次年 5—6 月成熟。

【分布习性】柏木在我国广泛分布，南北各地均有栽培。阳性树种，能耐侧方荫蔽，喜暖热湿润气候，不甚耐寒，对土壤适应能力强，耐干旱瘠薄土地，略耐水湿。

【繁殖栽培】柏木以播种繁殖为主，春播、秋播均可，播前将选好的种子用 40 ～ 45 ℃温水浸种约 24 小时后，捞出催芽，约半数以上种子萌动开口时即可播种。

【园林应用】柏木可于公园、建筑前、陵墓、古迹和自然风景区等地群植成林或列植成甬道等。

图 5.33　柏木

图 5.34　柏木

5）侧柏属 *Platycladus*

侧柏 *Platycladus orientalis*（Linn.）Franco

【别名】扁柏、黄柏、香柏。

【形态特征】常绿乔木，树冠幼时尖塔形，老则广圆形。皮浅褐色，呈成薄片状剥离。大枝斜出，小枝直展、扁平。叶多鳞片状。雌雄同株，球花单生小枝顶端。球果卵形，熟前绿色、肉质，熟后木质开裂、红褐色。花期 3—4 月，球果 10 月成熟。

【分布习性】我国华北、华东、华中、西北、西南各地广泛栽培。喜光，幼时稍耐阴，适应性强，对土壤要求不严。浅根性、耐干旱瘠薄，萌芽能力强，略耐寒。

【繁殖栽培】侧柏以播种繁殖为主，也可扦插繁殖、嫁接繁殖。侧柏生长缓慢，宜适期早播，以加长其生长期。

【园林应用】侧柏树姿优美、生长缓慢，寿命极长，是我国首都北京的市树。园林中可配植于公园、亭园等各型绿地，也可用作绿篱、制作盆景等。

图 5.35　侧柏

图 5.36　侧柏

6）刺柏属 *Juniperus*

圆柏 *Juniperus chinensis*（Linn.）Ant.

【别名】刺柏、桧柏。

【形态特征】常绿乔木,高可达 20 m。树冠尖塔形或圆锥形,老树则广圆形。树皮灰褐色,裂成长条状,有时呈扭转状。小枝直立或斜生,亦有略下垂者。二型叶,鳞叶交互对生,多见于老树或老枝上,刺叶常 3 枚轮生。雌雄异株、少同株,花期 4—5 月,果次年或第三年成熟,熟时暗褐色,被白粉。

图 5.37　圆柏

图 5.38　圆柏

【分布习性】圆柏原产我国东北及华北地区,现南北各地均有栽培。野生变种及变型较多,园林中常见栽培的有塔柏（'Pyramidalis'）、龙柏（'Kaizuca'）等。喜光亦耐阴,耐寒耐热,对土壤要求不严。深根性,侧根也发达,寿命极长。抗多种有毒气体,阻尘隔音效果好。

【繁殖栽培】圆柏扦插、压条、播种繁殖均可。扦插繁殖可在 6—7 月行软枝扦插或 9—10 月行硬枝扦插。压条繁殖则生长期均可进行,4~6 周生根。播种繁殖宜选择新近采收之种子,并行催芽处理。

【园林应用】圆柏幼龄树树冠呈圆锥形,整齐、优美,大树干枝扭曲,姿态奇古,观赏价值高。古时多配植于庙宇陵墓作墓道树或柏林,也可群植草坪边缘作背景,作绿篱、行道树、桩景、盆景均可。

图5.39　塔柏

图5.40　龙柏

7）福建柏属 *Fokienia*

福建柏 *Fokienia hodginsii*（Dunn）A. Henry et Thomas

福建柏

5.5　罗汉松科 Podocarpaceae

1）罗汉松属 *Podocarpus*

罗汉松 *Podocarpus macrophyllus*（Thunb.）Sweet

【别名】罗汉杉、土杉、罗汉柏。

【形态特征】常绿大乔木,树皮灰白色,纵浅裂,呈薄鳞片状脱落。叶革质、全缘、条披针形,叶端尖,两面中脉显著隆起,表面暗绿,背面灰绿色,有时被白粉。雌雄异株或偶有同株,种子卵形,生于肉质膨大的种托上,种托熟时深红色,味甜可食,似罗汉披袈裟。花期5月,种熟期10月。

【分布习性】原产我国,现在长江以南各省区均有分布。喜温暖湿润和半阴环境,怕水涝和强光直射,适在热带生长,北方适作盆栽。

【繁殖栽培】罗汉松以播种、扦插繁殖为主,也可压条繁殖。播种繁殖宜随采随播,约2周发芽。扦插繁殖则春秋两季均可进行,春季宜选休眠枝,秋季选半成熟枝条,约2月后可生根。

【园林应用】罗汉松适合用作园景树,可门前对植、中庭孤植,或于墙垣角隅与假山、湖石相配,亦是制作盆景、桩景的优秀素材。

图5.43　罗汉松

图5.44　罗汉松

2) 竹柏属 *Nageia*

竹柏 *Nageia nagi*（Thunberg）Kuntze

【别名】罗汉柴、山杉、竹叶柏。

【形态特征】常绿乔木，树皮红褐色或暗红色，近似平滑。枝条开展，树冠广圆锥形，叶厚革质，色浓绿，有光泽，背面淡绿色，交互对生或近对生，排成2列。叶脉从叶基向叶尖纵向延伸。花期3—4月，多雌雄异株，雄花球穗状，常分枝，雌花多单生于叶腋，少数成对腋生。种子10—11月成熟，球形。成熟时假种皮暗紫色，有白粉。

【分布习性】竹柏原产我国的江西、福建、广东、湖南、台湾等地。喜温暖湿润的半阴环境，怕烈日暴晒，有一定的耐寒性。

【繁殖栽培】竹柏以播种、扦插繁殖为主，也可压条繁殖。播种繁殖可随采随播，亦可春播，每穴播种2~3粒为宜。扦插则软枝扦插、硬枝扦插均可。

【园林应用】竹柏枝叶青翠而有光泽，树形美观，适宜用作庭荫树、行道树，也可用作树篱、制作盆景等。

图5.45 竹柏

图5.46 竹柏

5.6 红豆杉科 Taxaceae

红豆杉属 *Taxus*

红豆杉 *Taxus wallichiana* var. *chinensis*（Pilger）Florin

【别名】红豆树、紫杉。

【形态特征】常绿乔木，高可达30 m。树皮褐色，裂成条片脱落。大枝开展，一年生枝绿色或淡黄绿色，秋季变成绿黄色或淡红褐色。叶条形，螺旋状互生，略微弯曲。雌雄异株，种子扁圆形，假种皮杯状，红色。常见栽培品种有南方红豆杉、东北红豆杉等。

【分布习性】我国华南、华中、西南、西北等地广泛分布。喜阴、耐旱、性喜凉爽湿润气候，抗寒性强,怕水涝,适于在疏松湿润排水良好的砂质壤土种植。

【繁殖栽培】红豆杉以播种、扦插繁殖为主,现多地亦有组织培养方式繁育苗木。播种繁殖须在种子成熟并采收后及时去除肉质种皮、晾干,随即砂藏层积处理,次春播种。扦插繁殖既可软枝扦插,也可硬枝扦插。

【园林应用】红豆杉适应能力强,可用作庭荫树、行道树、园景树等,也可以盆栽观茎、观枝、观叶、观果。

图 5.47　红豆杉

图 5.48　红豆杉

5.7　木兰科 Magnoliaceae

1)玉兰属 *Yulania*

玉兰 *Yulania denudata*(Desr.)D. L. Fu

【别名】白玉兰、木兰、望春花、应春花、玉堂春。

【形态特征】落叶乔木,高可达 25 m,枝开展。树皮深灰色,粗糙开裂,小枝稍粗壮,灰褐色。冬芽及花梗密被绢毛。叶纸质,倒卵形,网脉明显,叶柄长 1 ~ 2.5 cm。花先叶开放,直立,芳香,直径 10 ~ 16 cm。种子心形,侧扁,外种皮红色,内种皮黑色。花期 2—3 月,果期 8—9 月。

【分布习性】玉兰原产于我国中部各省,现各地广泛栽培。玉兰性喜光,较耐寒,可露地越冬,喜干燥,忌低湿,适种植于疏松肥沃、排水良好而微酸性的砂质壤土。对 SO_2、Cl_2 等的适应能力强,是较好的防污染绿化树种。

【繁殖栽培】播种、扦插、压条或嫁接繁殖均可。播种繁殖须于蓇葖果转红绽裂时即采,早采极难发芽,迟采易脱落。去除净外种皮、晾干种子,砂藏层积处理,翌年早春播种。扦插繁殖多于5—6月进行,以幼龄树的当年生枝成活率最高。压条繁殖则四季均可进行。嫁接繁殖常用紫玉兰、山玉兰为砧木,切接、劈接、腹接、芽接均可。

【园林应用】玉兰是早春色、香俱全的优秀观花树种,也是上海市市树。玉兰在我国传统园林植物造景中,常与海棠、迎春、牡丹、桂花并列谓之"玉堂春富贵",常可用作庭荫树、行道树等,孤植、丛植均可。

图 5.49 玉兰

图 5.50 玉兰

2）北美木兰属 *Magnolia*

荷花木兰 *Magnolia grandiflora* Linn.

【别名】广玉兰、洋玉兰、荷花玉兰。

【形态特征】常绿乔木，在原产地高可达 30 m。树皮淡褐色或灰色，薄鳞片状开裂。小枝粗壮，具横隔的髓心。小枝、芽、叶背、叶柄均密被褐色或灰褐色短茸毛。叶厚革质，椭圆形、长圆状椭圆形或倒卵状椭圆形，长 10～20 cm，宽 4～7（10）cm，先端钝或短钝尖，基部楔形，叶表深绿色，有光泽，侧脉每边 8～10 条。叶柄长 1.5～4 cm，无托叶痕，具深沟。花白色，有芳香，直径 15～20 cm。花被片 9～12，厚肉质，倒卵形，长 6～10 cm，宽 5～7 cm。聚合果圆柱状长圆形或卵圆形，长 7～10 cm，径 4～5 cm，密被褐色或淡灰黄色茸毛。蓇葖背裂，背面圆，顶端外侧具长喙。种子近卵圆形或卵形，长约 14 mm，径约 6 mm，外种皮红色。花期 5—6 月，果期 9—10 月。

【分布习性】荷花木兰在国内外广泛分布，性喜阳光，幼时稍耐阴。喜温湿气候，有一定抗寒能力，忌积水。适生于疏松肥沃、湿润且排水良好的微酸性或中性土壤。病虫害少，抗有毒有害气体能力强。根系深广，抗风力强。

【繁殖栽培】荷花木兰以播种、嫁接繁殖为主。种子极易失去发芽力，故宜随采随播，亦可春播。嫁接繁殖常以白玉兰、紫玉兰等作砧木，劈接、腹接皆可。

【园林应用】荷花木兰树姿雄伟壮丽，叶厚而有光泽，花大而香，是安徽合肥、江苏南通等地的市树。园林中可孤植、对植或丛植、群植配置，也可作行道树。

图 5.51 荷花木兰

图 5.52 荷花木兰

3)含笑属 *Michelia*

（1）白兰 *Michelia* × *alba* DC.

【别名】黄桷兰、白缅花、缅桂花。

【形态特征】常绿乔木,高可达 17 m,枝广展,呈阔伞形树冠。树皮灰色,嫩枝及芽密被柔毛,后渐脱落。叶薄革质,长椭圆形或披针状椭圆形,长 10~25 cm,宽 4~9.5 cm,先端长渐尖或尾状渐尖,基部楔形,网脉明显。花白色,极香。花期 4—9 月,夏季尤盛,常不结实。

【分布习性】白兰在我国黄河流域及以南地区广泛栽培。阳性树,喜温暖湿润,不耐干旱和水涝,不耐寒,适合于微酸性土壤。

【繁殖栽培】白兰以嫁接、压条繁殖为主,也可扦插或播种繁殖。嫁接繁殖可用紫玉兰、黄兰等作砧木,于其生长旺季进行。少量繁殖可行空中压条法。扦插繁殖较难生根,我国栽培之白兰花较难结实,故种子极少。

【园林应用】白兰株型直立有分枝,花香浓郁,是著名的庭园香花树种,也是广东佛山、清远的市树。园林中可配植于亭、台、楼、阁前,孤植、丛植、散点植,或作行道树均可。

图 5.53　白兰

图 5.54　白兰

（2）深山含笑 *Michelia maudiae* Dunn

【别名】光叶白兰、莫夫人玉兰。

【形态特征】常绿乔木,高可达 20 m,各部均无毛。树皮薄、平滑不裂,浅灰色。叶互生,革质、深绿色,叶背淡绿色,被白粉,长圆状椭圆形,长 7~18 cm,宽 3.5~8.5 cm,先端骤狭短渐尖。花白色,芳香。聚合果长 7~15 cm,种子红色,斜卵圆形。花期 2—3 月,果期 9—10 月。

【分布习性】深山含笑产于浙江、福建、湖南、广东、广西、贵州等地。喜温暖、湿润环境,稍耐寒。喜光,幼时较耐阴。生长快,适应能力强,对 SO_2 的抗性较强。根系发达,萌芽力强,适生于土层深厚、疏松肥沃而湿润的酸性土壤。

【繁殖栽培】播种、嫁接繁殖为主。播种繁殖可随采随播,也可砂藏层积到次年早春播种。

【园林应用】深山含笑叶色深绿,花大且洁白美丽,是优秀的庭院花木,可孤植、丛植、片植等。

图 5.55　深山含笑

图 5.56　深山含笑

（3）乐昌含笑 *Michelia chapensis* Dandy

【别名】广东含笑、南方白兰花。

【形态特征】常绿乔木，高可达 30 m，胸径 1 m，树皮灰色至深褐色。小枝无毛或嫩时节上被灰色微柔毛。叶薄革质，倒卵形或长圆状倒卵形，长 6.5～15 cm，宽 3～6 cm，先端骤狭短渐尖，深绿色，有光泽，网脉稀疏。花淡黄色，花瓣 6 枚，芳香。聚合果长约 10 cm，种子红色，卵形或长卵圆形。花期 3—4 月，果期 8—9 月。

【分布习性】乐昌含笑原产广东、广西、湖南、江西等地。喜温暖、湿润的气候，亦能耐寒。适宜土壤深厚、疏松、肥沃、排水良好的酸性至微碱性土壤。

【繁殖栽培】以播种繁殖为主，也可扦插繁殖，或用山玉兰及醉香含笑作砧木嫁接繁殖。

【园林应用】乐昌含笑树干通直，树冠圆锥状塔形，四季深绿，可单植、列植或群植，也可作道树、营造风景林等。

图 5.57　乐昌含笑

图 5.58　乐昌含笑

4）鹅掌楸属 *Liriodendron*

鹅掌楸 *Liriodendron chinense*（Hemsl.）Sarg.

【别名】马褂木、郁金香树。

【形态特征】落叶大乔木，高可达 40 m，胸径可达 1 m，树冠圆锥状。一年生枝灰色或灰褐色，叶马褂形,长 10~15 cm,各边 1 裂,向中腰部缩入,叶柄长 4~8 cm。花黄绿色,外面绿色较多而内方黄色较多,花期 4—6 月,果 10 月成熟。

【分布习性】鹅掌楸自然分布于我国长江以南各省,南北各地均有栽培。喜光及温暖湿润气候,有一定的耐寒性,喜深厚肥沃、排水良好的酸性或微酸性土壤,忌低湿水涝,但干旱土地上生长不良。

【繁殖栽培】鹅掌楸以扦插、播种繁殖为主。扦插繁殖时,软枝扦插、硬枝扦插均可。播种繁殖宜人工辅助授粉后,秋季采种精选砂藏至翌春播种。

【园林应用】鹅掌楸树体高大,叶形奇特,尤其适合用作行道树、庭荫树种,也可丛植、列植或片植于草坪、公园等处。

图 5.59　鹅掌楸

图 5.60　鹅掌楸

5.8　樟科 Lauraceae

1)樟属 *Cinnamomum*

(1)樟 *Cinnamomum camphora*(Linn.)Presl

【别名】香樟、樟木、芳樟、油樟、乌樟。

【形态特征】常绿乔木,树冠广卵形,树皮灰褐色,纵裂。叶互生,卵状椭圆形,薄革质,离基三出脉、全缘,两面无毛,背面灰绿色。

【分布习性】樟主要分布于我国长江以南,尤以江西、浙江、福建、台湾等东南沿海最多。朝鲜、日本亦产。部分国家有引种栽培。喜光,稍耐阴。喜温暖湿润气候,耐寒性不强,较耐水湿,不耐干旱、瘠薄和盐碱地。生长速度中等,寿命长,可达千年以上。抗风,耐烟尘和有毒气体,并能吸收多种有毒气体,较能适应城市环境。

【繁殖栽培】樟以播种、扦插繁殖为主。播种繁殖前去除种皮、果肉,秋播、春播均可,以春播为好。扦插繁殖则春、夏、秋季均可,春季宜硬枝扦插,夏秋宜软枝扦插。

【园林应用】樟枝叶茂密,冠大荫浓,树姿雄伟,能吸烟滞尘、涵养水源能力强,是浙江杭州、江苏无锡、江西南昌等地的市树。园林中广泛用作庭荫树、行道树、防护林及营造风景林等。

图5.61　香樟

图5.62　香樟

（2）天竺桂 *Cinnamomum japonicum* Sieb.

【别名】山肉桂、土肉桂、土桂、山玉桂。

【形态特征】常绿乔木，树冠卵状圆锥形，树皮淡灰褐色，光滑不裂，有芳香及辛辣味。小枝无毛，或幼时稍有细疏毛。叶互生或近对生，长椭圆状广披针形，离基3主脉近于平行，背面有白粉及细毛。5月开黄绿色小花，果期10—11月，蓝黑色。

【分布习性】天竺桂产于浙江、安徽、湖南、江西等地，现各地广泛引种栽培。中性树种，幼年期耐阴。喜温暖湿润气候及排水良好之微酸性土壤，中性土壤及平原地区也能适应，但不能积水。抗污染能力强。

【繁殖栽培】同香樟。

【园林应用】天竺桂长势强健，树姿优美，抗污染能力强，病虫害少，可用作行道树、庭荫树、风景林等，孤植、丛植、列植均可。

图5.63　天竺桂

图5.64　天竺桂

2）楠属 *Phoebe*

楠木 *Phoebe zhennan* S. Lee et F. N. Wei

【别名】桢楠。

【形态特征】常绿大乔木，高可达30 m，树干通直。小枝细，被灰褐色柔毛。叶革质，椭圆形至披针形。聚伞状圆锥花序，花中等大，花梗与花等长，果椭圆形。花期4—5月，果期9—10月。

【分布习性】我国华中、华东、华南、西南等地分布较多。喜温暖湿润气候，根系深广，适生于土层深厚、排水良好的砂质壤土中。

【繁殖栽培】楠木以播种、扦插繁殖为主。种子寿命短,采收后搓去外果皮、阴干后即可播种,也可砂藏至次年春播。扦插繁殖最适春季进行,也可夏秋季进行。

【园林应用】楠木树体高大挺拔、树干通直、经济价值高,亦是著名的庭园观赏和城市绿化树种,可作庭荫树、园景树、行道树等。

图 5.65　桢楠　　　　　　　　　　　图 5.66　桢楠

5.9　豆科 Fabaceae

1)槐属 *Styphnolobium*

槐 *Styphnolobium japonicum*(Linn.)Schott

【别名】槐树、国槐。

【形态特征】落叶乔木,高可达 25 m,胸径可达 1.5 m。树皮灰褐色,具纵裂纹,树冠卵圆形。二年生小枝绿色,皮孔明显,无毛。奇数羽状复叶长达 25 cm,具 7～17 枚对生小叶,小叶纸质、卵状披针形或卵状长圆形,长 2.5～7 cm,宽 1.5～3 cm,先端渐尖。花冠白色或略带淡绿色,荚果串珠状,长 2.5～5 cm,肉质,种子间缢缩不明显,成熟后黄绿色,干后黑褐色、不开裂,具种子 1～6 枚。花期 7—8 月,果期 9—10 月。

图 5.67　槐　　　　　　　　　　　图 5.68　槐

变种、变型较多,园林中常用的主要有龙爪槐(var. *pendula* Loud.)、紫花槐(var. *pubescens* Bosse.)、五叶槐(var. *oligophylla* Franch.)等。

【分布习性】槐原产中国,现南北各省区广泛栽培,欧洲、美洲、亚洲各国均有引种。喜光而稍耐阴,能适应较冷气候。对土壤要求不严,在酸性至石灰性及轻度盐碱土中都能正常生长。根系较深而发达,抗风,也耐干旱瘠薄,怕积水,能较好适应城市土壤板结等不良环境条件。耐烟尘,对 SO_2、Cl_2 等有毒气体有较强抗性。幼时生长较快,以后中速生长,寿命很长。

【繁殖栽培】以播种繁殖为主,也可扦插繁殖、嫁接繁殖。播种前宜温汤浸种催芽,扦插宜在春秋季选当年生或 1 年生枝条做插穗。

【园林应用】槐树枝叶茂密,绿荫如盖,适应能力强、抗污染,是陕西西安、辽宁大连、河北石家庄等地的市树。园林中适作庭荫树、行道树等,配植于公园、庭院、工矿厂区、建筑四周等处,效果良好。其变种龙爪槐则宜门前对植或列植,亦可孤植于亭台山石旁。

图 5.69　龙爪槐

图 5.70　五叶槐

2)刺桐属 *Erythrina*

(1)刺桐 *Erythrina variegata* Linn.

【别名】山芙蓉、空桐树、木本象牙红。

【形态特征】落叶大乔木,高可达 20 m。树皮灰褐色,枝有明显叶痕及短圆锥形的黑色直刺。复叶具 3 小叶,长 20~30 cm,叶柄长 10~15 cm,通常无刺。顶生小叶宽卵形或卵状三角形,先端渐尖而钝。总状花序顶生,长 10~16 cm,总花梗木质、粗壮,长 7~10 cm。花冠红色,荚果肿胀黑色,肥厚,种子间略缢缩,长 15~30 cm,种子 4~12 枚,暗红色,长约 1.5 cm。花期 3 月,果期8—9 月。

【分布习性】刺桐原产亚洲热带地区,现各地广泛栽培。喜温暖湿润、光照充足的环境,耐干旱也耐水湿,不甚耐寒。对土壤要求不严,最宜疏松肥沃、排水良好之砂质壤土。

【繁殖栽培】刺桐以扦插繁殖为主,也可播种。扦插多于春季进行,插后要注意浇水保湿,极易生根成活。因扦插繁殖容易,极少播种繁殖。

【园林应用】刺桐生长迅速,适应能力强,是福建泉州的市花。园林中适合单植于草地或建筑物旁,丛植、列植道路旁、公园、风景区等地,也是城市绿化中优良的行道树。

图 5.71　刺桐

图 5.72　刺桐

（2）龙牙花 *Erythrina corallodendron* Linn.

【**别名**】象牙红、鸡公花、珊瑚刺桐、鸡冠刺桐。

【**形态特征**】落叶灌木或小乔木，高 3～5 m，树干和枝条散生皮刺。小叶 3 枚，顶生小叶菱形或菱状卵形，长 4～10 cm，两面无毛，有时叶柄和中脉上有小皮刺。总状花序腋生，长可超过 30 cm，花深红色，具短梗，与花序轴成直角或稍下弯，长 4～6 cm，狭而近闭合。荚果长约 10 cm，具梗，种子间略缢缩，种子数枚，深红色，常有黑斑。花期 6—7 月，果期 8—9 月。

【**分布习性**】龙牙花原产美洲热带地区，我国华南、华中、华东、西南各地常见栽培。性喜暖热气候，抗风力弱，尤其适宜向阳且不当风处生长。生长速度中等，不耐寒，稍耐阴，在排水良好、肥沃的壤土中生长较好，能抗污染。

【**繁殖栽培**】龙牙花以扦插繁殖为主，也可播种繁殖。扦插于 4—5 月最好，保持阴湿环境，生根容易。

【**园林应用**】龙牙花枝叶扶疏，初夏开花，深红色的总状花序好似一串红色月牙，艳丽夺目，极为美丽，是著名观赏花木。园林中适于公园、庭院等处栽植，也可盆栽点缀室内环境。

图 5.73　龙牙花

图 5.74　龙牙花

3）皂荚属 *Gleditsia*

皂荚 *Gleditsia sinensis* Lam.

【别名】皂荚树、皂角树。

【形态特征】落叶乔木，高可达 30 m，树冠扁球形。枝灰色至深褐色。刺粗壮，圆柱形，常分枝，多呈圆锥状，长达 16 cm。叶多为一回羽状复叶，小叶 3～9 对，纸质，卵状披针形至长圆形，长 2～8 cm，先端圆钝而有短尖头，叶缘具钝锯齿，下面网脉明显。花杂性，黄白色，组成总状花序，花梗长 2～8 mm。荚果带状，长 12～37 cm，宽 2～4 cm，果肉稍厚，两面鼓起。花期 5—6 月，果期8—12 月。

【分布习性】皂荚原产我国长江流域，现南北各地均有栽培。性喜光也稍耐阴，喜温暖湿润的气候，对土壤要求不严，在石灰质及盐碱土甚至黏土或砂土均能正常生长。深根性，抗风力强，生长速度中等，寿命可达六七百年。

【繁殖栽培】皂荚以播种繁殖为主。贮藏寿命 4 年左右。既可随采随播，也可春播。因皂荚种子种皮较厚，春播前须采取软化种皮措施，确保出苗的整齐度。

【园林应用】皂荚树体高大，树冠宽广，叶密荫浓，根系发达，耐旱节水，尤其适合用作防护林和水土保持林。园林中多用于城乡景观林、道路绿化等。

图 5.75　皂荚　　　　　　　　　　图 5.76　皂荚

此外，同属常见栽培的尚有山皂荚（*Gleditsia japonica* Miq.），与皂荚的生态习性、园林应用基本相似，主要区别在于枝刺在基部以上压扁，最粗部位在基部以上。成年树为一回、二回羽状复叶兼有，甚至同一叶上也有一回、二回兼有。果荚质地明显较薄，常扭曲和泡状隆起，腹缝线与种子间略缢缩。

4）合欢属 *Albizia*

合欢 *Albizia julibrissin* Durazz.

【别名】马缨花、绒花树、夜合。

【形态特征】落叶乔木，高可达 16 m，树冠扁圆形，常呈伞形。树皮灰褐色，二回羽状复叶，羽片 4～12 对，各有小叶 10～30 对，小叶刀形，长 6～12 mm，宽 1～4 mm，叶缘及下面中脉被柔毛。头状花序排成伞房状,顶生或腋生。花萼绿色,花冠粉红色,花丝细长,超出花冠,呈绒缨状。荚果带状,长9~15 cm,宽1.5~2.5 cm,基部有短柄。嫩荚有柔毛,老荚无毛。花期6—7月,果期8—10月。

【分布习性】合欢产于我国黄河流域,现在华东、华南、西南以及东北、西北等地有栽培。喜温暖湿润和阳光充足环境,对气候和土壤适应性强,宜在排水良好、肥沃土壤生长,较耐瘠薄土地和干旱气候,不耐水涝和低温严寒,对SO_2、Cl_2等有毒有害气体有较强的抗性。

【繁殖栽培】合欢以播种繁殖为主,于秋季9—10月采种,干藏至次春播种。

【园林应用】合欢生长迅速,枝条开展,树姿优美,叶形雅致,夏季开花时节绒花满树,是夏季优良的庭院花木,也是山东威海的市树。园林中可用作行道树、庭荫树等,配植林缘、房前屋后、草坪,景观效果甚佳。

图5.77　合欢　　　　　　　　　　　　　图5.78　合欢

5) 羊蹄甲属 *Bauhinia*

宫粉羊蹄甲 *Bauhinia variegata* Linn.

【别名】羊蹄甲、洋紫荆。

【形态特征】半常绿乔木,高5~8 m。树皮暗褐色,近光滑,小枝近无毛。叶近革质,广卵形至近圆形,宽度常超过长度,基部浅至深心形,有时近截形,先端2裂,裂片为叶全长的1/4~1/3,裂片阔,钝头或圆,叶柄长2~4 cm。总状花序侧生或顶生,较短,花少而大,淡红或淡蓝带红色。果线形,长15~30 cm。花期3—4月为盛,部分地区全年可花,果期6月为主。常见栽培变种有白花洋紫荆[var. *candida*(Roxb.)Voigt],花白色。

【分布习性】宫粉羊蹄甲主产我国福建、广东、海南、云南、广西等地。宫粉羊蹄甲是热带树种,喜光和温暖湿润气候,不甚耐寒,冬季气温低于5 ℃即受冻害。对土壤要求不严,但喜肥厚、湿润的土壤,忌水涝。萌蘖力强,耐修剪。

【繁殖栽培】宫粉羊蹄甲以扦插繁殖为主,也可播种繁殖或嫁接繁殖,均易成活。扦插繁殖多在春季或梅雨季节进行。

【园林应用】宫粉羊蹄甲树冠开张,枝繁叶茂。叶形奇特,花大色艳,有香气,是我国南方优良景观树种。园林中适合用作行道树、庭荫树等,花开时节,很是壮观美丽。

图 5.79　宫粉羊蹄甲

图 5.80　白花洋紫荆

6）凤凰木属 *Delonix*

凤凰木 *Delonix regia*（Boj.）Raf.

凤凰木

5.10　悬铃木科 Platanaceae

悬铃木属 *Platanus*

（1）一球悬铃木 *Platanus occidentalis* Linn.

【别名】美国梧桐。

【形态特征】落叶大乔木,高可超过 40 m。树皮有浅沟,呈小块状剥落。幼枝被有褐色茸毛。叶较大、阔卵形,宽 10 ～ 20 cm,长度比宽度略小,多呈 3 浅裂,稀 5 浅裂,裂片短三角形,边缘有数个粗大锯齿。叶柄长 4 ～ 7 cm,密被茸毛。花单性,聚成圆球形头状花序,径约 3 cm,单生为主,少数有 2 ～ 3 个。花期 5 月,果期 9—10 月。

（2）二球悬铃木 *Platanus acerifolia* Willd.

图 5.83　一球悬铃木

【别名】英国梧桐。

【形态特征】落叶大乔木,高可达 30 m,树皮较光滑,多大片块状脱落。嫩枝密生灰黄色茸毛,老枝秃净。叶阔卵形,宽 12 ～ 25 cm,长 10 ～ 24 cm,多掌状 5 裂,偶有 3 裂或 7 裂,裂片全缘或有 1 ～ 2 个粗大锯齿,叶柄长 3 ～ 10 cm,密生黄褐色毛。花单性,聚成圆球形头状花序,头状果径约 2.5 cm,每串 2 个为主,稀 1 个或 3 个,常下垂。

图5.84　二球悬铃木　　　　　　　图5.85　二球悬铃木

（3）三球悬铃木 *Platanus orientalis* Linn.

【别名】法国梧桐。

【形态特征】落叶大乔木，高可达30 m，树皮薄片状脱落。嫩枝被黄褐色茸毛，老枝秃净，有细小皮孔。叶大，阔卵形，宽9～18 cm，长8～16 cm，掌状5～7裂，稀为3裂，叶柄长3～8 cm，圆柱形，被茸毛，基部膨大。雄性球状花序无柄，基部有长茸毛，雌性球状花序常有柄。果枝长10～15 cm，头状果序径2～2.5 cm，每串果序多具果3～5个，稀为2个。

上述三者习性、繁殖栽培、园林应用基本相同，具体见下。

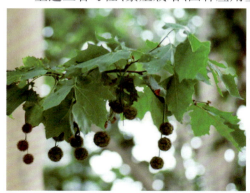

图5.86　三球悬铃木

【分布习性】国内广泛分布。悬铃木喜湿润温暖气候，较耐寒，适生于微酸性或中性、排水良好、土层深厚肥沃的土壤，微碱性土壤虽能生长，但易发生黄化。抗空气污染能力较强，叶具较强吸收有毒气体和滞积尘埃的作用。

【繁殖栽培】悬铃木以播种、扦插繁殖为主。播种繁殖可于深秋采集成熟果实，剥散后晾晒2～3天，待干燥后贮藏。春季温度在15 ℃以上时将种子撒播于整平、浇透水的畦面上，稍覆土，可盖塑料薄膜保湿保温，确保苗床湿润而不积水、温度20～28 ℃为宜。扦插繁殖则于早春选取生长健壮、发育充实且无病虫危害的一至二年生枝条为插穗，每段插穗15～20 cm，至少2～3芽进行扦插繁殖。

【园林应用】悬铃木冠大荫浓、生命力强、耐粗放管理，秋季落叶前叶色变褐，蔚为壮观美丽，是河南郑州、安徽淮南等地的市树。园林中可将悬铃木用作行道树、园景树、风景林等。

5.11　蕈树科 Altingiaceae

枫香树属 *Liquidambar*

枫香树 *Liquidambar formosana* Hance

【形态特征】落叶乔木，高可达30 m。树皮灰褐色，方块状剥落，小枝被柔毛，略有皮孔。叶薄革质,阔卵形,掌状 3 裂,中央裂片较长,先端尾状渐尖,两侧裂片平展,边缘有锯齿,叶柄长。雄性花呈短穗状,雌性呈头状花序,头状果序圆球形。花期 3—4 月,果 10 月成熟。

【分布习性】产自我国秦岭及淮河以南各省,现各地广泛栽培。喜温暖湿润气候,性喜光,幼树稍耐阴,耐干旱瘠薄土壤,不耐水涝。

【繁殖栽培】枫香宜在果熟后取出种子,晾干,装入麻袋置于通风干燥处贮藏,既可秋季播种,也可春季播种。

【园林应用】枫香适应能力强,观赏价值高,园林中可孤植、丛植、林植用作庭荫树、行道树、园景树和风景林等。

图 5.87　枫香　　　　　　　　　　　图 5.88　枫香

5.12　漆树科 Anacardiaceae

杧果属 *Mangifera*

杧果 *Mangifera indica* Linn.

【别名】芒果、檬果、漭果。

【形态特征】常绿大乔木,高可达 20 m。树冠稍呈卵形或球形,树皮灰白色或灰褐色,小枝无毛,褐色。叶互生,披针形,薄革质,全缘。叶形和大小变化较大。多呈长圆状披针形,长 15 ~ 30 cm,宽约 9 cm,叶柄长 3.5 ~ 4.5 cm,先端尖。花小,黄色或淡黄色,有香气。多花密集,呈直立圆锥花序,长 20 ~ 30 cm。核果肾脏形,略扁,长 5 ~ 10 cm,宽 3 ~ 5 cm。成熟前果皮呈绿色至暗紫色,成熟时果皮绿色、橘黄色或红色等。中果皮肉质、多汁,味道香甜,果核坚硬。

【分布习性】杧果在我国云南、广东、广西、福建、台湾等地有产,常作为特色水果栽培,品种甚多。喜阳光充足及温暖气候,不耐寒、不耐水湿。适合生长于土层深厚、肥沃、疏松、排水良好的微酸性砂质壤土。

【繁殖栽培】杧果以播种、嫁接繁殖为主。种子寿命较短,可于果熟后食肉取种,播前需剥壳处理。嫁接宜在 3 月、9 月进行,切接为佳,能确保有较高的成活率。

【园林应用】杧果树体高大,树冠整齐,四季常青,除作为南方著名果树栽培外,也是我国南方热带地区优良的行道树、庭荫树种之一。

图 5.89　杧果

图 5.90　杧果

5.13　杜仲科 Eucommiaceae

杜仲属 *Eucommia*

杜仲 *Eucommia ulmoides* Oliver

【别名】丝棉皮、棉树皮、胶树。

【形态特征】落叶乔木,高可达 20 m,萌蘖能力极强。小枝淡褐色或黄褐色,有皮孔。叶互生,椭圆形或椭圆状卵形,先端渐尖,基部圆形或宽楔形,叶脉明显、边缘有锯齿。花单性,多生于小枝基部,雌雄异株,无花被,先叶开放或与叶同时开放。翅果狭椭圆形,扁平,长约 3.5 cm,先端下凹。种子 1 枚。花期 4—5 月,果期 9—10 月。

杜仲的树皮、树叶以及果等折断、撕裂后有密集的白色胶状丝线。

【分布习性】杜仲原产我国黄河以南,西南、华南、华中、西北等地有栽培。喜光不耐阴、较耐寒,尤喜温暖湿润气候及深厚、肥沃而排水良好的土壤。

【繁殖栽培】杜仲可播种、扦插、压条及分蘖繁殖。播种繁殖宜于 11—12 月或层积处理至次春月均温达 10 ℃以上时播种。扦插可采嫩枝扦插、根插等法,成苗率高。压条繁殖多于春季进行。

【园林应用】杜仲树体高大,萌蘖能力强,是我国特有树种,园林中可用作风景林、行道树、庭荫树、园景树等。

图 5.91　杜仲

图 5.92　杜仲

5.14　榆科 Ulmaceae

榆属 *Ulmus*

（1）榆树 *Ulmus pumila* Linn.

【别名】家榆、榆钱、春榆、白榆。

【形态特征】落叶乔木,高可达 25 m,胸径
1 m。幼树树皮平滑,灰褐色或浅灰色,大树
之皮暗灰色,不规则深纵裂,粗糙,不剥落。
叶椭圆状卵形至卵状披针形,边缘具重锯齿
或单锯齿,长 2～8 cm,宽 1～3.5 cm,先端
渐尖或长渐尖,基部略偏斜。花先叶开放,
叶腋处簇生状,春节开放。翅果近圆形,稀
倒卵状圆形,花果期 3—6 月。园林中常见
应用的有栽培变种垂枝榆('Tenue'),主干
不明显,树皮灰白色,较光滑。分枝较多,
树冠伞形,一至三年生枝下垂。

图 5.93　榆树

图 5.94　垂枝榆

图 5.95　垂枝榆

【分布习性】榆树在我国东北、华北、西北及西南各省区均有分布。阳性树,生长快,根系发达,
适应性强,对土壤要求不严,能耐干冷气候及中度盐碱,但不耐水湿。寿命长,抗有毒有害气体
能力强,能适应城市环境。

【繁殖栽培】榆树以播种繁殖为主,也可扦插繁殖、嫁接、压条繁殖。播种繁殖于春季榆钱由绿
变浅黄色时采种,阴干后及时播种。扦插繁殖可根插、也可枝插,成活率高,成苗后生长快。压
条繁殖在生长期均可进行。

【园林应用】榆树树体高大,绿荫较浓,适应性强,适宜用作行道树、庭荫树、防护林等。

（2）榔榆 *Ulmus parvifolia* Jacq.

榔榆

5.15　桑科 Moraceae

1）榕属 *Ficus*

（1）榕树 *Ficus microcarpa* L. f.

【别名】细叶榕、小叶榕。

【形态特征】常绿大乔木，高可达15~25 m，冠幅广展，成年树常有锈褐色气根。树皮深灰色，叶薄革质，狭椭圆形，长4~8 cm，宽3~4 cm，先端钝尖，有光泽，全缘。果腋生，熟时黄或微红色，扁球形，直径6~8 mm，花期5—6月，果实秋冬季成熟。

【分布习性】我国华南、东南、西南地区广泛分布。喜阳光充足、温暖湿润气候，不耐寒，对土壤要求不严，在微酸和微碱性土中均能生长，不耐旱，生长较快。

【繁殖栽培】榕树繁殖方式多样，扦插、播种、嫁接、压条均可繁殖，方法简便，成活率高。

【园林应用】榕树高大挺拔，枝叶浓密，四季常青，适合用作庭荫树、行道树，也可制作盆景。

图5.97　榕树

图5.98　榕树

图5.99　榕树

图5.100　榕树

（2）黄葛树 *Ficus virens* Ait.

【**别名**】大叶榕、黄桷树、黄葛榕。

【**形态特征**】落叶大乔木，茎干粗壮，枝杈密集，叶互生，纸质或薄革质，长椭圆形或近披针形，长8～16 cm，宽4～7 cm，先端短渐尖，全缘。花期5—8月，果期8—11月，果生于叶腋，球形，熟时黄色或紫红色。

【**分布习性**】黄葛树在我国长江流域及以南地区广泛栽培。喜温暖、高温湿润气候，耐干旱而不耐寒，抗风、抗大气污染，耐瘠薄土地，生长迅速，萌发力强，栽培管理简单。

【**繁殖栽培**】黄葛树适应能力强，繁殖极为容易，既可扦插繁殖、播种繁殖，也可压条繁殖等。

【**园林应用**】黄葛树树形奇特，悬根露爪，蜿蜒交错，古态盎然。新叶绽放后鲜红色的托叶纷纷落地，甚为美观，也是重庆市的市树。黄葛树适宜配植公园湖畔、草坪、河岸边、风景区、孤植、群植均可，也可用作行道树、园景树等。

图5.101　黄葛树

图5.102　黄葛树

（3）高山榕 *Ficus altissima* Blume

（4）印度榕 *Ficus elastica* Roxb. ex Hornem.

高山榕

【**别名**】印度胶榕、印度橡皮树、橡皮树。

【**形态特征**】常绿大乔木，树皮平滑。叶互生，有乳汁，宽大具长柄，厚革质，椭圆形，全缘、表面亮绿色。幼芽红色，托叶单生，淡红色。花期9—11月。园林中常见应用的栽培变种花叶印度榕（'Variegata'）等。

【**分布习性**】印度榕原产印度、马来西亚等地，我国西南、华南等地多有栽培，盆栽更为广泛。性喜暖湿气候，喜光，亦能耐阴，不耐寒。适生于疏松肥沃土壤，不耐干旱瘠薄土地。

【**繁殖栽培**】印度榕以扦插、压条繁殖为主。扦插繁殖宜选一至二年生枝条做插穗，夏季进行。压条繁殖不受季节限制。

【**园林应用**】印度榕叶大光亮，四季葱绿，是极好的观叶树种。可用作行道树、庭荫树、行道树等，也可盆栽陈列宾馆、饭店大厅等场所。

图 5.105　印度榕

图 5.106　花叶印度榕

2）构属 Broussonetia

构树 Broussonetia papyrifera（Linn.）L'Hér. ex Vent.

【别名】构桃树、构乳树、假杨梅。

【形态特征】落叶乔木，高可达 18 m。皮暗灰色、平滑。叶纸质，广卵形至长圆状卵形，边缘具粗锯齿，不分裂或 3～5 裂，表面粗糙，疏生糙毛，背面密被茸毛。雌雄异株，雄花序为柔荑花序，雌花序球形头状。聚花果直径 1.5～3 cm，成熟时橙红色，肉质。花期 4—5 月，果期 6—7 月。

【分布习性】我国南北各地均产。适应性强，耐旱、耐瘠，对土壤要求不严，耐烟尘、抗大气污染力强。

【繁殖栽培】构树以播种繁殖为主，也可分株繁殖等。秋季采收成熟的果实，捣烂、清水漂洗后去除果肉残渣等，即获得纯净的种子。将种子装入布袋中贮藏，翌年春播。

【园林应用】构树枝叶茂密，抗性强、生长快、繁殖容易，尤其适合用作矿区及荒山坡地绿化，亦可用作庭荫树、防护林等。

图 5.107　构树

图 5.108　构树

5.16　胡桃科 Juglandaceae

1）*胡桃属 Juglans*

胡桃 *Juglans regia* Linn.

胡桃

2）*枫杨属 Pterocarya*

枫杨 *Pterocarya stenoptera* C. DC.

【别名】麻柳、水麻柳、蜈蚣柳。

【形态特征】落叶乔木,高可达 30 m。幼树树皮平滑,浅灰色,老时则深纵裂。叶柄上有叶轴翅,多为奇数羽状复叶,小叶 9～23 枚,顶生小叶有时不发育,缘有细锯齿。柔荑花序、果序下垂,长 20～30 cm。花期 4—5 月,果熟期 8—9 月。

【分布习性】枫杨在我国广泛分布,长江流域、黄淮流域最为常见。喜光,喜温暖湿润气候,较耐寒、耐湿性强。深根性、主根明显、侧根发达,对土壤要求不严。寿命偏短,初期生长缓慢,4 年后增快,60 年后开始衰败。

【繁殖栽培】枫杨以播种繁殖为主,春播、秋播均可,苗木耐较粗放管理,但需加强病虫害防治工作。

【园林应用】枫杨树冠广展,枝叶茂密,生长快速,根系发达,适合用作遮阴树、行道树、水边护岸固堤及防风林、工厂绿化等。

图 5.111　枫杨

图 5.112　枫杨

5.17　桦木科 Betulaceae

1）*桦木属 Betula*

白桦 *Betula platyphylla* Suk.

【别名】桦树、桦木。

【形态特征】落叶大乔木,高可达 27 m,树皮灰白色,成层剥裂。单叶互生,叶边缘有锯齿,厚纸质,三角状卵形,长 3 ~ 9 cm,宽 2 ~ 7.5 cm,边缘具重锯齿。单性花,雌雄同株,雄花序柔软下垂,先花后叶,果序单生,常下垂。

【分布习性】白桦产于我国东北、华北、西北等地,西南地区偶见栽培。喜光,不耐阴,能耐严寒。深根性、耐瘠薄,对土壤要求不严。生长较快,萌芽强,寿命较短。

【繁殖栽培】白桦可播种、扦插、压条繁殖。播种繁殖春秋均可,扦插繁殖既可软枝扦插,也可硬枝扦插,压条繁殖仅适合少量繁殖苗木时使用。

【园林应用】白桦枝叶扶疏,姿态优美,尤其树干洁白雅致,十分引人注目。可孤植、丛植于庭园、公园之草坪、池畔、湖滨或列植于道旁等,也可营造风景林。

图 5.113　白桦

图 5.114　白桦

2) 桤木属 *Alnus*

桤木 *Alnus cremastogyne* Burk.

桤木

5.18　紫葳科 Bignoniaceae

1) 蓝花楹属 *Jacaranda*

蓝花楹 *Jacaranda mimosifolia* D. Don

【别名】蓝雾树、巴西紫葳。

【形态特征】落叶乔木,高可达 15 m。叶对生,二回羽状复叶,羽片通常在 16 对以上,每个羽片有小叶 16 ~ 24 对。小叶椭圆状披针形至椭圆状菱形,长 6 ~ 12 mm,全缘。花蓝色,蒴果木质,扁卵圆形。花期 5—6 月。

【分布习性】蓝花楹原产南美洲,我国华南、东南、西南等地有引种栽培。喜温暖湿润、阳光充足的环境,不耐霜雪。对土壤条件要求不严,在一般中性和微酸性的土壤中都能生长良好。

【繁殖栽培】蓝花楹常播种或扦插繁殖。秋季果实成熟后晒干贮藏,翌年 3 月播种,温度宜控制在 20 ℃上下。扦插繁殖则春季和秋季皆可。

【园林应用】蓝花楹树体高大挺拔,花期满树蓝紫色花朵,十分雅丽清秀,也是四川西昌的市树。适合用作庭荫树、行道树,孤植、丛植均可。

图 5.117　蓝花楹

图 5.118　蓝花楹

2）梓属 *Catalpa*

梓 *Catalpa ovata* G. Don

【别名】梓树、花楸、水桐、臭梧桐、木角豆。

【形态特征】落叶小乔木,高 6~18 m。树冠伞形,主干通直平滑,皮暗灰色。单叶对生,偶见轮生,宽卵形或近圆形,全缘,常 3~5 浅裂,有毛。圆锥花序顶生,长 10~18 cm,黄白色。蒴果线,下垂,长 20~30 cm,形似蒜薹。花期 5—7 月,果期 7—10 月。

【分布习性】我国东北、华北、西北、华中各地均有分布。适应性较强,喜温暖,也能耐寒。土壤以深厚、湿润、肥沃的夹沙土较好。不耐干旱瘠薄。抗污染能力强,生长较快,抗污染能力强。

【繁殖栽培】梓以播种、扦插繁殖为主。秋季果实成熟后,取出种子干藏至次年春播,播前催芽。扦插宜夏季取半成熟枝条进行。

【园林应用】梓树体端正,冠幅宽大,荫浓范围广,春夏满树白花,秋冬荚果悬挂,有一定观赏价值,可作行道树、庭荫树以及工矿厂区绿化之用。

图 5.119　梓

图 5.120　梓

5.19　杜英科 Elaeocarpaceae

杜英属 *Elaeocarpus*

（1）山杜英 *Elaeocarpus sylvestris*（Lour.）Poir.

【别名】杜英、羊屎树、胆八树。

【形态特征】常绿乔木,高可达10余米。小枝纤细,嫩枝无毛。叶倒卵形或倒卵状披针形,长4～8 cm,宽2～4 cm,先端钝,或略尖,两面均无毛,叶缘有钝锯齿或波状钝齿。总状花序长4～6 cm,花梗长3～4 mm。核果椭圆形,长约1 cm。冬春季节老叶绯红。花期4—5月。

【分布习性】山杜英产于我国,长江流域及以南各地多有分布。喜温暖湿润气候,较耐寒、怕积水。根系发达,萌芽力强,耐修剪。适生于排水良好的微酸性土壤,对SO_2等有毒气体抗性强。

【繁殖栽培】以播种、扦插繁殖为主。播种繁殖既可在秋季果实成熟获取干净种子、晾晒阴干后播种,也可砂藏层积至翌年春播。扦插繁殖在春季、梅雨季节、秋季均可进行。

【园林应用】山杜英枝叶茂密,树冠圆整,冬春时节红绿相间,颇为美丽,适宜草坪、坡地、林缘、庭院、工矿厂区等地孤植、丛植,也可列植作行道树。

图5.121　山杜英　　　　　　　　图5.122　山杜英

（2）水石榕 *Elaeocarpus hainanensis* Oliv.

5.20　锦葵科 Malvaceae

水石榕

1）梧桐属 *Firmiana*

梧桐 *Firmiana simplex*（Linn.）W. Wight

【别名】青桐、桐麻。

【形态特征】落叶乔木,高可达15～20 m,树干挺直,分枝高。树皮绿色,平滑,常不裂。叶大、心形,径达 30 cm,掌状 3~5 裂,裂片宽三角形,全缘。圆锥花序顶生,花淡黄绿色。蓇葖果膜质,果皮开裂呈叶状,匙形,长 6~11 cm。种子球形,2~4 粒。花期 5—6 月,果期 10—11 月。

【分布习性】我国黄河流域及以南各地多有栽培。梧桐喜温暖湿润气候,耐旱、耐寒性不强。喜肥沃、湿润、深厚而排水良好的土壤,在酸性、中性及钙质土上均能生长,水湿地或盐碱地生长不良。生长快、寿命长,抗有毒有害气体能力强。

【繁殖栽培】以播种、扦插繁殖为主。秋季果熟时采收,晒干脱粒。可当年秋播,也可干藏或砂藏至翌年春季播种。

【园林应用】梧桐树冠圆整,干形优美,皮滑色绿,常被国人视为吉祥树种,"栽下梧桐树,引来金凤凰"即是佐证,是安徽巢湖的市树。园林中常点缀于庭园、坡地、湖畔等地,也可用作行道树、园景树、庭荫树等。

图 5.125　梧桐

图 5.126　梧桐

2)木槿属 *Hibiscus*

木芙蓉 *Hibiscus mutabilis* Linn.

【别名】芙蓉花、酒醉芙蓉、重瓣木芙蓉。

【形态特征】落叶小乔木或灌木。小枝、叶柄、花梗和花萼均密被柔毛。叶互生,宽卵形至心形,直径 10~15 cm,常 5~7 掌状裂,叶缘具钝圆锯齿,两面均有柔毛。花单生或簇生枝端,单瓣重瓣都有,初开时白色或淡红色,后变深红色。蒴果扁球形,被淡柔毛。花期 10—11 月,果实 12 月成熟。

【分布习性】我国华南、华中、西南等地有栽培。喜光,稍耐阴。喜温暖湿润气候,不耐寒,适生于肥沃湿润而排水良好的砂质壤土。生长较快,萌蘖性强,对有毒有害气体抵抗能力强。

【繁殖栽培】以扦插、压条繁殖为主。扦插繁殖可于植株落叶后剪取枝条砂藏层积至翌春扦插,也可春季 3—4 月剪取一年生健壮充实的枝条作插穗进行扦插。

【园林应用】木芙蓉夏季枝繁叶茂,秋季繁花满树,正所谓"晨妆晓玉飞霞午,日暮深红落浅红",是著名观赏树种,也是四川成都的市花。园林中适宜庭园栽种,可孤植、丛植,以及配植水滨,也可用作花篱、盆栽观赏等。

图 5.127　木芙蓉　　　　　　　　　图 5.128　木芙蓉

5.21　杨梅科 Myricaceae

杨梅属 *Morella*

杨梅 *Morella rubra* Lour.

【别名】圣生梅、白蒂梅、树梅。

【形态特征】常绿乔木,高可达 15 m,树冠圆球形。树皮灰色,老时纵向浅裂。小枝及芽无毛,皮孔通常少而不显著。叶革质,长椭圆状或长椭圆状倒卵形,长 10 余厘米、无毛,常密集于小枝上端部分,全缘或偶有锐锯齿。4 月开花,6—7 月果实成熟。

【分布习性】我国江浙一带分布较多,东南沿海亦有栽培。喜温暖湿润气候、酸性土壤,有一定耐寒能力。

【繁殖栽培】杨梅以播种、扦插繁殖为主,也可压条、嫁接繁殖。播种繁殖既可随采随播,也可砂藏至秋播。压条繁殖一般采用低压法,即将基部分枝向下压入土中促其生根,次年移栽。杨梅嫁接繁殖的成活率较低,以切接为主,多冬末春初进行。

【园林应用】杨梅枝繁叶茂,树冠圆整,初夏又有红果累累,十分可爱,是园林绿化结合生产的优良树种。孤植、丛植于草坪、庭院,或列植于路边都很合适。

图 5.129　杨梅　　　　　　　　　图 5.130　杨梅

5.22　杨柳科 Salicaceae

柳属 *Salix*

（1）垂柳 *Salix babylonica* Linn.

【别名】水柳、垂丝柳。

【形态特征】落叶乔木，高可达 12～18 m，树冠开展而疏散。树皮灰黑色，不规则开裂，枝细长、下垂。叶狭披针形，长 8～16 cm，宽 0.5～1.5 cm。叶正面绿色，背面灰绿色，叶缘有细锯齿。花序先叶开放，或与叶同时开放。蒴果长 3～4 cm，黄褐色。花期 3—4 月，果期 4—5 月。

【分布习性】垂柳主要分布于我国长江流域与黄河流域，其萌芽力强，根系发达，生长迅速。适应能力强，对土壤要求不严，喜温暖湿润气候，较耐寒，特耐水湿，对有毒气体有中等抗性。

【繁殖栽培】垂柳扦插繁殖极易成活，故生产上常用此法繁殖苗木，也可播种繁殖。

【园林应用】垂柳枝条细长下垂，生长迅速且特耐水湿，是山东济南、吉林延吉的市树。园林中适宜配植桥头、池畔等水体沿岸处，也可用作庭荫树、行道树等。

图 5.131　垂柳　　　　　　　　　图 5.132　垂柳

（2）龙爪柳 *Salix matsudana* f. *tortuosa* Rehd.

龙爪柳

5.23　柿科 Ebenaceae

柿属 *Diospyros*

（1）柿 *Diospyros kaki* Thunb.

【别名】朱果、猴枣、柿子。

【形态特征】落叶大乔木，通常高可达 10～14 m 以上，树冠球形或钝圆锥形。树皮灰色，沟纹较密，裂成长方块状。嫩枝初时有棱、带毛。叶近各质，卵状椭圆形至倒卵形，通常较大，长 5～18

cm,宽 3 ~ 9 cm,先端渐尖或钝,基部楔形。花黄白色,浆果球形、扁球形等,径 3 ~ 10 cm,嫩时绿色,后变橙黄色。花期 5—6 月,果期 9—10 月。

【分布习性】柿原产我国,分布广泛,南北均有。适应能力强,较能耐寒、耐旱、耐瘠薄土地,寿命长,有较强的吸滞粉尘、抵抗有毒有害气体能力。

【繁殖栽培】柿以嫁接繁殖为主,也可播种繁殖。嫁接繁殖多以君迁子、野柿、油柿及老鸦柿等为砧木,以芽接方式最好。播种繁殖多用于生产嫁接繁殖所需之砧木,春秋均可进行。

【园林应用】柿树形优美,冠大荫浓,秋色金黄,宜孤植草坪、列植道旁等,也可用于工矿区绿化。

图 5.135   柿

图 5.136   柿

（2）君迁子 *Diospyros lotus* Linn.

君迁子

5.24   山矾科 Symplocaceae

山矾属 *Symplocos*

山矾 *Symplocos sumuntia* Buch. -Ham. ex D. Don

【别名】尾叶山矾、七里香。

【形态特征】常绿乔木,嫩枝褐色。叶薄革质,狭倒卵形、倒披针状椭圆形,长 3 ~ 8 cm,宽 1.5 ~ 3 cm,边缘有浅锯齿或波状齿。花冠白色,5 深裂几达基部,长约 0.5 cm。花期 3—4 月,果期 9—10 月。

【分布习性】山矾在我国东南、华南、西南、华中等地有分布。喜光,耐阴,喜湿润、凉爽的气候,较耐热也较耐寒。对土壤要求不严,对 Cl_2、SO_2 等有毒有害气体抗性强。

【繁殖栽培】山矾以播种繁殖、扦插繁殖为主。

【园林应用】山矾树冠整齐,枝叶茂密,花香浓郁,适宜孤植或丛植于草地、庭园,也可以列植、对植道路、建筑物两侧等。

图 5.139   山矾   图 5.140   山矾

5.25 蔷薇科 Rosaceae

1）枇杷属 *Eriobotrya*

枇杷 *Eriobotrya japonica*（Thunb.）Lindl.

【别名】芦橘、金丸。

【形态特征】常绿小乔木，高可达 10 m。小枝粗壮，黄褐色，密被棕色茸毛。叶片革质，披针形或倒披针形，长 12～30 cm，宽 3～9 cm，上部边缘有疏锯齿，基部全缘，叶面光亮而多皱，背面密生茸毛。白色圆锥花序顶生，总花梗和花梗密生茸毛。果实球形或长圆形，直径 2～5 cm，成熟前绿色，成熟后橙黄色，被锈色柔毛。花期 10—12 月，果期 5—6 月。

【分布习性】我国西北、西南、华中及长江流域广泛分布。枇杷喜光，稍耐阴，喜温暖湿润气候及排水良好、疏松肥沃的土壤，稍耐寒，不耐严寒。

【繁殖栽培】枇杷以播种、嫁接繁殖为主，也可以扦插、压条繁殖。播种可于 6 月采种后立即进行。嫁接多以切接为主，可在 3 月中旬或 4—5 月进行，砧木可用枇杷实生苗或石楠。

【园林应用】枇杷树形整齐美观，叶大荫浓，四季常青，经济价值高，除常用作果树栽培外，也常用于庭院绿化。

图 5.141   枇杷   图 5.142   枇杷

2）石楠属 *Photinia*

红叶石楠 *Photinia × fraseri* Dress

【形态特征】常绿小乔木或灌木,株型紧凑,全体无毛。叶革质,长椭圆形至倒卵状长椭圆形,边缘有细锯齿。春季和秋季新叶亮红色。花期4—5月,果期10月。

【分布习性】红叶石楠在我国长江流域及以南各地常见栽培,品种较多。喜光,稍耐阴,喜温暖湿润气候,耐干旱瘠薄、较耐寒,不耐水湿,对土壤要求不严。生长速度快,萌芽力强,耐修剪,移植成活率高,易于整形。

【繁殖栽培】红叶石楠以扦插繁殖为主,也可播种育苗。扦插繁殖适合在雨季进行,选当年半木质化的嫩枝作插条,也可在早春选取一年生成熟枝条进行扦插。播种繁殖则于果实成熟期采种,将果实捣烂漂洗取籽晾干,层积砂藏至翌年春播。

【园林应用】红叶石楠新梢和嫩叶鲜红持久,绚丽多姿,耐修剪,是园林绿化优良的彩叶树种,可用作地被植物,或造型做园景树,也可盆栽观赏。

图5.143　红叶石楠　　　　　　　　图5.144　红叶石楠

3）苹果属 *Malus*

苹果 *Malus pumila* Mill.

【别名】平安果、智慧果、苹婆。

【形态特征】落叶乔木,高可达15 m,树干灰褐色,老皮有不规则的纵裂或片状剥落,小枝幼时密生茸毛,后变光滑,紫褐色。单叶互生,椭圆形至卵形,长5～10 cm,先端尖,缘有圆钝锯齿,幼时两面有毛,后表面光滑,暗绿色。伞房花序,花朵白色带红晕,径3～5 cm。果多扁球形,直径多在5 cm以上,两端均凹陷。花期4—6月,果熟期7—11月。

【分布习性】苹果原产欧、亚等地,现我国各地栽培广泛。喜光、喜冷凉干燥气候,较耐寒。对土壤要求不严,但不甚耐瘠薄,以土层深厚肥沃、排水良好之砂质壤土为宜,寿命较长。

【繁殖栽培】苹果以播种、嫁接、扦插繁殖为主。

【园林应用】苹果开花时节繁华满树,秋季果实累累,除用作果树生产外,园林中可用作庭荫树、园景树等。

图 5.145　苹果　　　　　　　　　　　　图 5.146　苹果

4) 梨属 *Pyrus*

沙梨 *Pyrus pyrifolia*（Burm. f.）Nakai

【别名】糖梨、麻安梨、黄金梨。

【形态特征】落叶乔木,高可达 7~15 m。小枝褐色,光滑,或幼时具茸毛,后脱落。叶卵状椭圆形或卵形,长 7~12 cm,宽 4~7 cm,先端长尖,基部圆形或近心形,边缘有锯齿。花白色,每花序有花 6~9 朵。果实近球形,浅褐色,有果梗。花期 3—4 月,果期 7—8 月。

【分布习性】我国长江流域及西南、华南各地均有分布,种类和品种很多。喜光和温暖湿润气候,耐旱、耐水湿,耐寒力不强。根系发达,适生于疏松、肥沃的酸性土或钙质土中。

【繁殖栽培】沙梨播种、扦插、嫁接繁殖均可。果树生产多以嫁接繁殖为主。

【园林应用】沙梨除用作果树生产外,园林中常作园景树、庭荫树,或营造风景林,开花时节甚是美丽、壮观。也可用作盆景,既可观花也可赏果。

图 5.147　沙梨　　　　　　　　　　　　图 5.148　沙梨

5) 李属 *Prunus*

(1) 紫叶李 *Prunus cerasifera* 'Atropurpurea'

【别名】红叶李、樱桃李。

【形态特征】落叶小乔木或灌木,高可达 8 m。分枝多,枝条细长,开展,暗灰色。小枝暗红色,无毛。叶椭圆形、卵形或倒卵形,紫红色,边缘有圆钝锯齿。花淡粉色,核果近球形或椭圆形,暗酒红色。花期4—5月,果期8—9月。

【分布习性】紫叶李产于我国新疆,现在各园林中广泛应用。喜光以及温暖湿润气候,光照充足则叶色艳丽,光照不足则叶色暗淡。适生于土层疏松、深厚肥沃之土壤。

【繁殖栽培】紫叶李多以扦插、嫁接繁殖为主,也可压条、播种繁殖。扦插繁殖多于秋冬季进行;嫁接繁殖可以桃、李、梅或山桃为砧木;压条繁殖宜选择二至四年生枝条进行。

【园林应用】紫叶李叶色紫红,引人注目,是优秀的彩叶树种之一,可丛植、群植或列植于各型园林绿地之中。

图5.149　紫叶李

图5.150　紫叶李

(2)紫叶桃 *Prunus persica* 'Zi Ye Tao'

【别名】红叶桃、红叶碧桃。

【形态特征】落叶小乔木,株高3～5 m,树皮灰褐色,小枝红褐色。单叶互生,卵圆状披针形,幼叶鲜红色。花重瓣,桃红色,核果球形,密被短茸毛。花期4—5月,果期6—8月。

【分布习性】紫叶桃在我国南北各地广泛栽培。性喜阳光及温暖向阳环境,耐寒、耐旱,适于土层深厚、肥沃而排水良好之土壤,不耐水湿和盐碱土。

【繁殖栽培】紫叶桃嫁接、扦插、播种繁殖均可。观赏桃以及经济生产之桃多以嫁接繁殖为主,播种繁殖则主要以生产砧木时采用。

【园林应用】紫叶桃是优秀的观花树种,孤植、群植均可,也可盆栽、切花或作桩景等。

图5.151　紫叶桃

图5.152　紫叶桃

（3）撒金碧桃 *Prunus persica* 'Versicolor'

此种与紫叶桃同为桃的观赏种,其形态特征、分布习性、繁殖栽培与园林应用等与紫叶桃基本相同,主要区别在于叶绿色,花半重瓣,白色、粉色或同一枝条上兼有红色、白色,亦有部分白色花瓣有红色条纹。

图5.153　撒金碧桃

图5.154　撒金碧桃

（4）梅 *Prunus mume* Siebold & Zucc.

【别名】梅花、乌梅、酸梅、干枝梅、春梅、白梅花、野梅花、西梅。

【形态特征】落叶小乔木或灌木,高4~10 m。树皮浅灰色或褐紫色,平滑。小枝绿色,光滑无毛。叶卵形或椭圆形,长4~8 cm,先端尾尖,基部宽楔形至圆形,叶缘有小锐锯齿。花白色至粉红色均有,单生或2朵同生于1芽内,直径2~2.5 cm,香味浓,先叶开放,梗短,长1~3 mm,常无毛。果实近球形,直径2~3 cm,黄色或绿白色,被柔毛,味酸。果肉与核粘连,核椭圆形,顶端圆形而有小突尖头,基部渐狭成楔形,两侧微扁,表面具蜂窝状孔穴。梅冬春季开花,果实5—6月成熟。

图5.155　梅花

图5.156　绿萼梅

【分布习性】梅原产我国西南地区,现全国各地均有栽培。作为我国十大传统名花之一,梅的栽培历史悠久,种类和品种繁多,常见栽培的珍稀种有绿萼梅(f. *viridicalyx*)、龙游梅(var. *tortuosa*)、美人梅(*Prunus* × *blireana* 'Meiren')等。喜阳光充足、温暖湿润且通风良好的环境,稍耐寒。对土壤要求不严,较耐干旱瘠薄土地,尤忌积水。

【繁殖栽培】梅以扦插、嫁接繁殖为主,也可压条繁殖,培育砧木则多采用播种繁殖。

【园林应用】梅的寿命长,种类品种繁多,于色、香、姿、韵等方面都有独特之美,素有"花中之魁""天下尤物"之美誉,其傲骨寒霜,百折不挠,凌寒独自开,备受国人喜爱,亦是江苏南京、无锡和湖北黄冈等地的市花。园林中最宜植于庭院、草坪、缓坡等地,既可孤植、丛植,也可群植、林植等,还可盆栽观赏或制作各式桩景、盆景,花枝可作切花瓶插装饰室内。

图5.157　垂枝梅

图5.158　美人梅

(5)日本晚樱 *Prunus serrulata* var. *lannesiana*(Carri.)Makino

【别名】里樱、重瓣樱花。

【形态特征】落叶小乔木,树高可达10 m,小枝粗壮,无毛。叶常为倒卵形,长5~15 cm,先端渐尖,呈长尾状,缘有重锯齿,叶柄长1.5~2 cm。新叶无毛,略带红褐色。伞房花序,有花1~5朵,花朵大而芳香、美丽,单瓣重瓣皆有,粉红或近红色,常下垂。核果卵形,熟时黑色,有光泽。花期3—5月。

【分布习性】日本晚樱原产日本,现在我国南京、合肥、杭州、成都、重庆等地广泛栽培。日本樱花属浅根性树种,较喜阳光,有一定的耐寒能力,于深厚肥沃而排水良好的土壤中生长较好。

　　日本晚樱变型、变种较多,常见栽培的主要有墨染晚樱[f. *subfusca*(Miyos.)Wils.]、白妙晚樱[f. *shirotae*(Koidz.)Wils.]、朱雀晚樱[f. *shujaku*(Koidz.)Hara]、紫晚樱[f. *purpurea*(Miyos.)Nemoto]、关山晚樱[f. *sekiyama*(Koidz.)Hara]、郁金晚樱[f. *grandiflora*(Wagner)Wils.]等。

【繁殖栽培】日本晚樱以嫁接繁殖为主,也可播种育苗。嫁接多选用樱桃等做砧木,播种繁殖之后代易于发生变异,故较少采用。

【园林应用】日本晚樱花型丰富且花大色艳、姿态各异。园林中既可用作行道树栽植,也可丛植、群植于公园、庭院等绿地,还可以盆栽观赏以及用作切花等。

图 5.159　日本晚樱　　　　　　　图 5.160　日本晚樱

5.26　木樨科 Oleaceae

1）木樨属 Osmanthus

木樨 *Osmanthus fragrans*（Thunb.）Lour.

【别名】桂花、岩桂。

【形态特征】常绿乔木或灌木,最高可达 18 m。树皮灰褐色,不裂。叶革质,椭圆形至椭圆状披针形,长 7～15 cm,宽 2～5 cm,先端渐尖,基部渐狭呈楔形或宽楔形,全缘或上半部具细锯齿,两面无毛。聚伞花序簇生于叶腋。花小,浓香。核果椭圆形,成熟前绿色,成熟后紫黑色。花期9—10 月,果期翌年 3 月。

图 5.161　木樨　　　　　　　　　图 5.162　木樨

【分布习性】木樨原产我国西南地区,现各地广泛栽种,常见栽培园艺品类有金桂（'Thunbergii'）、银桂（'Latifolius'）、丹桂（'Aurantiacus'）和四季桂（'Semperflorens'）等。性喜阳光及温暖湿润气候,稍耐阴,不甚耐旱。对土壤要求不太严,最喜疏松肥沃的微酸性砂质壤土,抗污染能力较强。

图 5.163　金桂

图 5.164　银桂

【繁殖栽培】以扦插繁殖为主,也可播种、嫁接繁殖。扦插繁殖于春季发芽前,剪取一年生枝条作插穗,也可夏季软枝扦插。播种繁殖于果实成熟后采收、揉搓去除种皮,洗净阴干后即可播种。嫁接繁殖可用女贞、小叶女贞、白蜡和流苏等作砧木。

【园林应用】木樨四季常青,枝繁叶茂,秋季开花,芳香四溢,与玉兰、海棠、迎春、牡丹合称"玉堂春富贵",是园林中经典庭院树种之一,也是浙江杭州、广西桂林、安徽合肥等地的市花。园林中常用作园景树、庭荫树、行道树等。

图 5.165　丹桂

图 5.166　四季桂

2)女贞属 *Ligustrum*

女贞 *Ligustrum lucidum* Ait.

【别名】白蜡树、冬青。

【形态特征】常绿乔木,高可达 10 m。树皮灰色,小枝有皮孔。叶革质,卵形至卵状披针形,长 6 ~ 15 cm,宽 3 ~ 8 cm,全缘,两面无毛。花白色,圆锥花序顶生,长 8 ~ 20 cm,花梗短。核果卵状椭圆形,蓝黑色,被白粉。花期 5—7 月,果期 10 月至翌年 3 月。

【分布习性】我国长江流域及以南各省区有分布,西北亦可见。女贞喜温暖湿润的气候,稍耐阴、不甚耐旱。生长快,萌芽力强,耐修剪,但不耐瘠薄土地。对大气污染物如 SO_2、Cl_2、HF 等均有较强抗性。

【繁殖栽培】以扦插、播种繁殖为主。扦插可于春、夏、秋季进行。播种繁殖时,种子采收后宜随采随播,或砂藏层积至翌年春播。

【园林应用】女贞枝干扶疏,枝叶茂密,树形整齐,是湖北襄阳、江苏盐城等地的市树。园林中可孤植或丛植,也可作行道树植于道旁。

图 5.167　女贞

图 5.168　女贞

5.27　山龙眼科 Proteaceae

银桦属 *Grevillea*

(1)银桦 *Grevillea robusta* A. Cunn. ex R. Br.

【形态特征】常绿大乔木,高 10 ~ 25 m。树皮暗灰色,具浅皱纵裂。嫩枝被锈色茸毛。叶互生,长 5 ~ 20 cm,二回羽状深裂,裂片 7 ~ 15 对,裂片狭长渐尖,边缘反卷,背面被银白色柔毛。总状花序,橙黄色,蓇葖果。花期 4—5 月,果期 6—8 月。

【分布习性】银桦原产澳大利亚,现世界各地广泛引种,我国华南、西南有栽培。喜温暖湿润气候及疏松肥沃、排水良好的微酸性土壤,较耐旱、不耐寒,能耐烟尘,病虫害少。

【繁殖栽培】以播种繁殖为主,播前宜浸种催芽。

【园林应用】银桦树干通直,高大挺拔,树冠整齐,适宜用作行道树、庭荫树、园景树等。

图 5.169　银桦

图 5.170　银桦

（2）红花银桦 *Grevillea banksii* R. Br.

【别名】贝克斯银桦、班西银桦。

【形态特征】常绿小乔木或灌木，树高可达 5 m 左右，幼枝有毛。叶互生，一回羽状裂叶，小叶线形，叶背密生白色毛茸。总状花序，顶生，花色橙红至鲜红色。蓇葖果歪卵形，扁平，熟果呈褐色。春至夏季开花，花期长。

【分布习性】红花银桦原产澳大利亚，我国华南、西南各地有引种。喜光、喜温暖湿润气候。适应能力强，可耐干旱贫瘠土地，较耐旱、不耐寒。对 SO_2、HF 等有毒有害气体有较强抗性。

【繁殖栽培】组织培养可有效打破其繁殖困难的瓶颈。有种源的情况下也可播种繁殖。

【园林应用】红花银桦树形优美、花期悠长，适宜用于花境、庭院、道路绿带等，孤植、丛植、群植均可。

图 5.171 红花银桦

图 5.172 红花银桦

5.28 桃金娘科 Myrtaceae

1）红千层属 *Callistemon*

红千层 *Callistemon rigidus* R. Br.

【别名】瓶刷子树、红瓶刷。

【形态特征】常绿小乔木，树皮坚硬，灰褐色。嫩枝有棱，初时有长丝毛，后脱落。叶革质，线形，长 6~10 cm，宽 3~6 mm，先端尖，初时有丝毛，后脱落，中脉在两面均突起，叶柄极短。穗状花序生于枝顶，花瓣绿色，卵形，雄蕊长 2~3 cm，鲜红色。蒴果半球形，长 5 mm，宽 7 mm，先端平截。花期 6—8 月。

【分布习性】红千层原产澳大利亚，我国西南、华南、东南等地有引种栽培。喜暖热气候，能耐烈日酷暑及干旱瘠薄土地，不耐寒、不耐阴。生长缓慢，萌芽力强，耐修剪，侧根少，不耐移植。

【繁殖栽培】红千层以播种、扦插繁殖为主。果实成熟后即刻采收取种，与细砂混匀撒播，月余发芽。扦插可于春季取半成熟不开花的侧枝作插穗，40 天左右即可生根。

【园林应用】红千层树姿优美,花形奇特,适应性强,广泛应用于各类园林绿地中,可孤植、丛植、群植以及盆栽观赏等。

图 5.173 红千层   图 5.174 红千层

2)白千层属 *Melaleuca*

白千层 *Melaleuca cajuputi* subsp. cumingiana（Turczaninow）Barlow

白千层

3)蒲桃属 *Syzygium*

蒲桃 *Syzygium jambos*（Linn.）Alston

【别名】水蒲桃、铃铛果。

【形态特征】常绿乔木,高可达 10 m 左右。分枝宽广、小枝圆形。叶片革质,披针形为主,长 12 ~ 25 cm,宽 3 ~ 5 cm,先端长渐尖。聚伞花序顶生,白色,直径 3 ~ 4 cm,花瓣分离,阔卵形。果实球形,果皮肉质,直径 3 ~ 5 cm,成熟时黄色。花期 3—4 月,果实 5—6 月成熟。

【分布习性】我国华南、东南、西南各地有栽培。性喜暖热湿润气候,喜光、耐干旱,对土壤要求不严、根系发达、生长迅速、适应性强。

【繁殖栽培】蒲桃以播种、扦插繁殖为主。种子有后熟阶段,故采收后贮藏 1 ~ 2 个月再播发芽率高。蒲桃扦插容易生根,可于春梢萌发前进行,也可生长期进行扦插。

【园林应用】蒲桃树冠丰满浓郁,可用作庭荫树、园景树以及防风固堤树种。

图 5.177 蒲桃   图 5.178 蒲桃

5.29　千屈菜科 Lythraceae

石榴属 *Punica*

石榴 *Punica granatum* Linn.

【别名】安石榴、花石榴。

【形态特征】落叶小乔木或灌木,高2～10 m,全体无毛。嫩枝有棱,多呈方形,枝端常呈尖刺状。叶纸质,长披针形至长圆形,长2～8 cm,宽1～2 cm。花两性,红色为主,少数黄色、粉色等,1至数朵顶生或腋生。浆果近球形,乳白色至红色均有。花期5—6月,果期9—10月。

【分布习性】我国南北均有栽培。喜温暖向阳环境,耐旱、耐寒,也耐瘠薄,不耐水湿和荫蔽。对土壤要求不严,但以排水良好的壤土为宜。

【繁殖栽培】以扦插、嫁接繁殖为主,也可压条、播种繁殖。扦插繁殖可于萌芽前自健壮植株剪取一至二年生枝条作插穗。珍稀品种,可空中压条法进行繁殖。

【园林应用】石榴树姿优美、花大色艳、果形奇特,因其种子数量众多,国人常视之为"多子多福"的吉祥树种,也是安徽合肥、陕西西安等地的市花。园林中可孤植、丛植于庭院、公园、风景区等地,也可对植门庭、列植道旁,或制作桩景、盆景。

图 5.179　石榴

图 5.180　石榴

5.30　蓝果树科 Nyssaceae

1）珙桐属 *Davidia*

珙桐 *Davidia involucrata* Baill.

【别名】鸽子树。

【形态特征】落叶乔木,高15～20 m。树皮深灰色,常裂成不规则的薄片而脱落。当年生枝略带紫,无毛。叶纸质、互生,阔卵形,长 9～15 cm、宽 7～12 cm,边缘有粗锯齿,背面密被丝状粗毛。花杂性同株,顶生头状花序由 1 朵两性花和多数雄花构成,下方有 2 枚大型卵状椭圆形的白色花瓣状苞片,苞片花后脱落。核果椭圆形,长 3～4 cm。花期 4—5 月,果期 10 月。

【分布习性】我国华中、西南各地有野生分布,其他各地偶见引种。喜温凉湿润气候,略耐寒。喜半阴,适生于土层深厚、肥沃、疏松而排水良好的酸性至中性土壤,不耐盐碱和干燥。

【繁殖栽培】以扦插、播种繁殖为主。扦插繁殖多选一年生枝条作插穗,于春季芽萌动前进行。种皮坚硬、后熟期长达数年,故多数种子未及发芽已腐烂,故播种繁殖发芽率甚低。

【园林应用】珙桐树形优美,花开时节似满树鸽子栖息,观赏价值甚高。园林中常作庭荫树、行道树,植于池畔、溪旁及疗养所、宾馆、展览馆等附近。

图 5.181　珙桐　　　　　　　　　　　　　　图 5.182　珙桐

2) 喜树属 *Camptotheca*

喜树 *Camptotheca acuminata* Decne.

【别名】千丈树、旱莲木。

【形态特征】落叶大乔木,高可达 30 m。树干直,树皮灰色,纵裂成浅沟。一年生小枝绿色。单叶互生,纸质,卵状椭圆形至长椭圆形,长 5～20 cm,先端尖,全缘或幼苗之叶疏生锯齿。花单性同株,雌雄花均呈头状,常数个成总状式复花序。果香蕉形,长 2～3 cm,聚生成球状。花期 6—7 月,果期 9—11 月。

【分布习性】我国长江流域及以南各地分布较多。喜光、稍耐阴,喜温暖湿润气候,略耐水湿、不耐干旱瘠薄,适生于土层深厚、肥沃、疏松之土壤,萌芽力强,抗病虫能力强。

【繁殖栽培】喜树多以播种繁殖为主。取成熟果实,将其摊开晒干、去杂,种子干藏或湿沙贮藏至早春播种。

【园林应用】喜树树冠整齐,干通直,是国家Ⅱ级重点保护野生植物,药用价值甚高。园林中可用作行道树、庭荫树以及营造防风固沙林等。

图 5.183　喜树

图 5.184　喜树

5.31　叶下珠科 Phyllanthaceae

秋枫属 *Bischofia*

（1）秋枫 *Bischofia javanica* Bl.

【别名】秋风子、大秋枫、红桐。

【形态特征】常绿或半常绿大乔木,高可达40 m,胸径可达2~3 m。树干通直,分枝略低,树皮褐色,幼树树皮近平滑,老树皮粗糙,树皮受损伤后会流出血红色汁液,干凝后呈瘀血状。三出复叶,稀5小叶,总叶柄长8~20 cm,小叶纸质,卵形至椭圆状卵形,长7~15 cm,宽4~8 cm,先端急尖或短尾状渐尖,边缘有粗钝锯齿。花小,雌雄异株,圆锥花序腋生,下垂。浆果,圆球形或近圆球形,直径6~13 mm,蓝黑色。种子长圆形,长约5 mm。花期4—5月,果期8—10月。

【分布习性】秋枫产于我国,各地广泛分布,南亚、东南亚等地也有分布。喜阳,稍耐阴,喜温暖而耐寒力较差,能耐水湿。根系发达,抗风力强,对土壤要求不严。

【繁殖栽培】以播种繁殖为主。于秋季果实成熟后,揉搓去除果肉等杂质、晾干装袋干藏或湿沙贮藏至次年春季播种。

【园林应用】秋枫树体高大,枝繁叶茂,树姿优美,是广西防城港的市树。园林中宜用作庭荫树、行道树等,可配植于草坪、湖畔、溪边、堤岸等地。

图 5.185　秋枫

图 5.186　秋枫

（2）重阳木 *Bischofia polycarpa*（Levl.）Airy Shaw

重阳木

5.32　大戟科 Euphorbiaceae

1）乌桕属 *Triadica*

乌桕 *Triadica sebifera*（Linn.）Small

【别名】腊子树、桕子树。

【形态特征】落叶乔木，高可达 15 m，各部均无毛而具乳状汁液，树皮暗灰色。枝广展，具皮孔。叶互生、菱形或菱状倒卵形，纸质，长 3~8 cm，宽 3~9 cm，先端尾状渐尖，全缘。花单性，雌雄同株，有萼片、无花瓣，穗状圆锥花序，顶生，长 6~12 cm，上部雄花，下部 1~4 朵雌花。蒴果梨状球形，成熟时黑色，直径 1~2 cm。花期 4—8 月。

【分布习性】我国中南、华南、西南各地有产。喜光，不耐阴。喜温暖环境，不甚耐寒。适生于深厚肥沃的微酸性土壤。主根发达，抗风力强，耐水湿，寿命较长。

【繁殖栽培】乌桕以播种繁殖为主，也可根插繁殖。种子采回后晒干、去杂，干藏至翌年春播。播前可用草木灰温水浸种，以去除种子外被的蜡质层。根插繁殖主要利用乌桕根系较强的萌蘖性。

【园林应用】乌桕树冠整齐，叶形秀丽，秋叶变橙红，壮丽美观，可孤植、丛植于草坪边缘、湖畔池边等，也可用作护堤树、庭荫树及行道树等。

图 5.189　乌桕

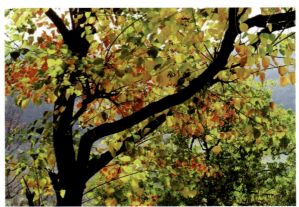
图 5.190　乌桕

2）油桐属 *Vernicia*

油桐 *Vernicia fordii*（Hemsl.）Airy Shaw

【别名】桐油树、桐子树。

【形态特征】落叶乔木，高可达 10 m，树冠伞形。树皮灰色，近光滑。枝条粗壮，无毛，具明显皮孔。叶卵圆形，长 8~18 cm，宽 6~15 cm，先端尖，基部心形，全缘，稀 1~3 浅裂，叶柄与叶片近等长，几无毛，顶端有 2 枚暗红色腺体。雌雄同株，花白色，直径可达 5 cm，多呈圆锥状聚伞花序或伞房花序，先叶或花叶同放。果近球状，皮光滑，直径 4~6 cm，含种子 3~5 枚，可榨桐油。花期3—4月,果期9—10月。

【分布习性】油桐原产我国,现长江流域及以南各省区广泛栽培,西南、华南各地野生者众。油桐喜阳光,不耐寒、不耐贫瘠,喜温暖湿润环境,适生于缓坡及背风向阳之地,尤其富含腐殖质、土层深厚、排水良好、中性至微酸性砂质壤土最宜。

【繁殖栽培】播种繁殖为主,春播、秋播均可,播前宜浸种催芽。也可嫁接繁殖、扦插繁殖。

【园林应用】油桐适应性强,花、果、叶均有较高观赏价值。园林中可用作行道树、庭荫树等,也是生态造林树种之一。

图5.191　油桐

图5.192　油桐

5.33　无患子科 Sapindaceae

1)无患子属 *Sapindus*

无患子 *Sapindus saponaria* Linn.

【别名】苦患树、木患子、肥皂树。

【形态特征】落叶大乔木,高可达20 m,树皮灰褐色或黑褐色。嫩枝绿色,无毛。羽状复叶,叶连柄长25~45 cm或更长,叶轴稍扁,上面两侧有直槽,无毛或被微柔毛。小叶5~8对,近对生,纸质或薄革质,长椭圆状披针形或稍呈镰形,长7~15 cm,宽2~5 cm,顶端短尖或短渐尖。花小,花序顶生,圆锥形。果近球形,直径2~2.5 cm,橙黄色,干时变黑。春季开花,夏秋果实成熟。

【分布习性】我国东部、南部至西南部有产。日本、朝鲜、印度等地也常见栽培。喜光,稍耐阴,不耐水湿,能耐干旱,耐寒能力较强。对土壤要求不严,深根性,抗风力强,萌芽力弱,不耐修剪。生长较快,耐粗放管理,寿命长。对 SO_2 等有毒气体抗性较强。

【繁殖栽培】播种繁殖为主,也可于春季软枝扦插。

【园林应用】无患子树干通直,枝叶开展,绿荫稠密,秋季满树金叶,果实累累,是优良观叶、观果、观形树种。园林中适合用作行道树、庭荫树等。

图 5.193　无患子

图 5.194　无患子

2）栾属 *Koelreuteria*

（1）复羽叶栾 *Koelreuteria bipinnata* Franch.

【别名】灯笼树、摇钱树。

【形态特征】落叶乔木,高可达 20 m,二回羽状复叶,长可达 70 cm,总轴被柔毛。小叶 9~17 枚,薄革质、卵形,长 3.5~6 cm,边缘有锯齿,两面无毛。花黄色,花瓣基部有红色斑,杂性,大型圆锥形花序顶生。蒴果卵形、椭圆形,先端圆,具小凸尖,紫红色。花期 8—9 月,果期 10—11 月。

【分布习性】我国中南、西南等地常见栽培。性喜阳光充足及温暖湿润环境,深根性,适应性强,耐干旱,抗风,抗污染能力强,生长速度快。

【繁殖栽培】复羽叶栾以播种繁殖为主,也可扦插繁殖。播种繁殖于秋季采种后脱粒、净种后秋播,或湿沙层积至翌年早春播种。扦插繁殖多于春季萌芽前剪取一年生枝条作插穗。

【园林应用】复羽叶栾树体高大、挺拔,夏叶浓密,秋叶金黄,国庆前后其蒴果的膜质果皮膨大如小灯笼,鲜艳美丽,观赏价值极高。园林中可用作行道树、庭荫树以及荒山造林等。

图 5.195　复羽叶栾

图 5.196　复羽叶栾

（2）全缘叶栾 *Koelreuteria bipinnata* 'Integrifoliola'

全缘叶栾

3）龙眼属 *Dimocarpus*

龙眼 *Dimocarpus longan* Lour.

【别名】桂圆、益智。

【形态特征】常绿乔木，通常高约 10 m。小枝粗壮，被柔毛。叶薄革质，长 15～30 cm，长圆状椭圆形至长圆状披针形，两侧常不对称。花序大型，多分枝，顶生和近枝顶腋生，密被星状毛。花瓣乳白色，披针形，与萼片近等长。果近球形，直径 1～3 cm，黄褐色或灰黄色，表面稍粗糙，或稍有微凸的小瘤体。花期春季，果期夏季。

【分布习性】我国华南、东南、西南各地有分布。喜温暖湿润气候，畏霜冻。耐旱、耐瘠、忌低洼积水。

【繁殖栽培】播种繁殖为主，也可扦插繁殖、嫁接繁殖。龙眼种子最宜随采随播，种子取出后混少许砂子，揉搓去除脐部残肉、漂洗并去除劣种后，湿砂层积催芽数天后即可萌发。

【园林应用】龙眼树冠繁茂，四季常青，花香浓郁，夏秋金果累累，是著名的热带水果。园林中宜作行道树、风景林、防护林等。

图 5.197　龙眼　　　　　　　　　　图 5.198　龙眼

4）槭属 *Acer*

（1）樟叶槭 *Acer coriaceifolium* Lévl.

（2）三角槭 *Acer buergerianum* Miq.

樟叶槭　　　　　　三角槭

5.34　苦木科 Simaroubaceae

臭椿属 *Ailanthus*

臭椿 *Ailanthus altissima*（Mill.）Swingle

【形态特征】落叶乔木，高可达 20 m，树皮平滑而有直纹。嫩枝有髓，幼时被黄色或黄褐色柔毛，后脱落。奇数羽状复叶，互生，长 40～60 cm，叶柄长 7～15 cm，有小叶 13～25。小叶对生或互生，纸质，卵状披针形，长 7～14 cm，宽 2～5 cm，先端渐尖，基部偏斜，截形或稍圆，全缘，叶柔碎后具臭味。花淡黄色或黄白色,杂性或雌雄异株。翅果纺锤形,扁平,长3～5 cm,宽1～1.2 cm,圆形或倒卵形。花期5—6月,果期9—10月。

【分布习性】臭椿在我国以黄河流域为分布中心,东北、华北、西北、华南、西南、东南沿海等区域均有栽培。喜光,不耐阴、较耐寒。适应性强,耐干旱、瘠薄土地,但不耐积水。深根性树种,萌蘖能力强,对土壤要求不严。对烟尘及SO_2等有毒气体有较强抗性。

【繁殖栽培】以播种繁殖为主,也可分蘖或根插繁殖。播种育苗容易,以春季条播为宜。播前温汤浸种后置于温暖向阳处混沙催芽。

【园林应用】臭椿树体高大挺拔、树干通直,秋季翅果满树,园林中常用作行道树、庭院树等。臭椿抗污染能力较强,可孤植、丛植或列植于工厂、矿区等地。

图5.203　臭椿　　　　　　　　　　　图5.204　臭椿

5.35　楝科 Meliaceae

1)香椿属 Toona

香椿 *Toona sinensis*(A. Juss.)Roem.

【别名】香椿芽、香椿铃。

【形态特征】落叶乔木,高可达25 m。树皮粗糙,深褐色,片状脱落,小枝粗壮,偶数羽状复叶,长30～50 cm,小叶16～20枚,对生或互生,纸质,卵状披针形或卵状长椭圆形,长9～15 cm,宽2.5～4 cm,叶全缘或有疏离的小锯齿,有香气。花白色,圆锥花序,有香气。蒴果狭椭圆形,长1.5～3 cm,深褐色,种子一端有膜质的长翅。花期5—6月,果熟期8—10月。

【分布习性】香椿原产中国中部和南部,现国内各地广泛栽培。香椿喜光,不耐阴,抗寒能力随苗树龄的增加而提高,略耐水湿。对土壤要求不严,适宜生长于河边、宅院周围肥沃湿润的土壤中,以壤土为好。根系深,萌蘖、萌芽力强,对有毒气体抗性较强。

【繁殖栽培】香椿的繁殖以播种繁殖为主,也可扦插、分蘖、埋根等法繁殖。

【园林应用】香椿树体高大挺拔,枝繁叶茂,嫩叶红色,适合用作庭荫树、行道树,也可配植于疏林、庭院、斜坡、池畔等处。

图 5.205　香椿

图 5.206　香椿

2）楝属 *Melia*

楝 *Melia azedarach* Linn.

【别名】楝树、川楝、苦楝、哑巴树、金铃子、紫花树。

【形态特征】落叶乔木，高 15～20 m。树皮灰褐色，纵裂。树冠开张，近于平顶，小枝粗壮，皮孔多而明显。二至三回奇数羽状复叶，长 20～40 cm。小叶对生，卵形、椭圆形至披针形，边缘有钝锯齿，顶生小叶略大。花朵小，有香味，花瓣白中透紫，在衰败的过程中，逐渐变白，四下弯曲分散。核果球形至椭圆形，长 1～2 cm，熟时黄色，宿存树上，经冬不落，种子椭圆形。花期 4—5月，果熟期 10—11月。

【分布习性】楝产于我国华南至华北，西北、西南等地区有分布。楝树喜光以及温暖、湿润气候，不耐阴、不甚耐寒，幼树在华北地区较易受到冻害。楝树对土壤要求不严，于酸性、中性和碱性土壤中均能生长，轻度盐渍地上也能良好生长，但以在土层深厚、肥沃、湿润的壤土中生长最好。楝树萌芽力强，抗风、生长快、寿命较短。

【繁殖栽培】楝以春季播种繁殖为主，也可于早春进行枝插或根插繁殖。

【园林应用】楝的树形美观，枝叶茂密，且耐烟尘，抗 SO_2 能力强，并能杀菌，是城市绿化及工矿厂区绿化的优良树种之一。园林中适宜用作庭荫树、行道树等，也可于草坪中孤植、丛植或配植于池畔、路缘、坡地等处。

图 5.207　楝

图 5.208　楝

3）米仔兰属 *Aglaia*

米仔兰 *Aglaia odorata* Lour.

【别名】米兰、树兰、鱼仔兰。

【形态特征】灌木或小乔木，常绿，高 4 ~ 7 m,茎多分枝,树冠圆球形。幼枝顶部被星状锈色的鳞片。羽状复叶,小叶 3 ~ 5 枚,倒卵形至长椭圆形,长 2 ~ 7 cm,全缘,对生。花小,径 2 ~ 3 mm,黄色,极芳香,成圆锥花序腋生,长 5 ~ 10 cm。浆果卵形或近球形,长约 1.2 cm,无毛。花期 5—11月,果期 7 月—翌年 3 月。

【分布习性】米仔兰原产东南亚,现广泛栽植于热带、亚热带地区。我国华南庭院习见栽培,长江流域亦有。喜温暖,忌严寒,喜光,忌强阳光直射,稍耐阴,不耐旱。宜疏松肥沃、富有腐殖质且排水良好的壤土。

【繁殖栽培】米仔兰常用扦插或压条法繁殖。扦插可于夏季选择当年生半木质化枝条进行;压条繁殖则于生长季节采用高空压条法进行,梅雨季节压成活率较一般时节更高。

【园林应用】米仔兰枝叶茂密,四季常青,花香且美,是优秀庭院香化植物之一。园林中可配植庭院、盆栽布置室内,也可点缀草坪等地,景观效果甚好。

图 5.209　米仔兰

图 5.210　米仔兰

5.36　芸香科 Rutaceae

柑橘属 *Citrus*

（1）柚 *Citrus maxima*（Burm.）Merr.

【别名】文旦、橙子、大麦柑。

【形态特征】常绿小乔木。树冠圆球形,嫩枝绿色、有棱,有长而略硬的刺。叶大而厚,色泽浓绿,宽卵形至宽椭圆形,先端圆或钝,叶长 9 ~ 16 cm,宽 4 ~ 8 cm。全缘或边缘具不明显的圆裂齿。花白色,单生或簇生于叶腋,香气浓。果大,横径通常 10 cm 以上,圆球形、扁圆形、梨形等,成熟时淡黄或黄绿色,果皮较厚。花期 4—5 月,果期 9—10 月。

【分布习性】我国栽培柚的历史悠久,现在华南、东南、西南等地均有栽培。柚喜欢温暖湿润气候,不耐旱、不耐寒,也不耐瘠薄土地,较耐湿。喜疏松、肥沃、排水良好之砂质壤土。

【繁殖栽培】播种繁殖多用于繁殖砧木,果树生产上则主要采取扦插、嫁接方式繁殖苗木。少量生产可压条繁殖。

【园林应用】柚树体高大,叶色浓绿,果大而美,观赏、食用价值高。园林中可结合果实生产,配植公园、庭院的亭、堂、院落角隅等处,也可用作行道树、庭荫树。

图 5.211　柚

图 5.212　柚

（2）柑橘 *Citrus reticulata* Blanco

【别名】宽皮橘、蜜橘、红橘。

【形态特征】常绿小乔木或灌木,小枝较细,无毛。枝刺短或无。单身复叶,披针形,椭圆形或阔卵形,长 4~10 cm,宽 2~3 cm,先端钝,全缘或有锯齿。花黄白色,单生或 2~3 朵簇生。果扁圆形至近圆球形,皮薄而光滑,或厚而粗糙,易剥离,淡黄色、朱红色或深红色均有,果肉或酸或甜。花期 4—5 月,果期 9—11 月。

【分布习性】柑橘原产我国,分布于长江流域,现世界各地广泛栽培。喜温暖气候,不甚耐寒,低于 -7 ℃ 即受冻害,宜疏松肥沃、湿润之土壤。

【繁殖栽培】柑橘播种繁殖容易,植株根系发达,生长健壮,适应性强等,多用于生产砧木。生产中多采用扦插、嫁接法繁殖良种。

【园林应用】柑橘四季常青,枝繁叶茂。春季香花满树,秋季金果累累,食用价值甚高,备受世界人民喜爱,是世界三大水果之一。园林中可植于庭院、风景区、公共绿地等,既有较好的观赏价值,又有很高的经济收益。

图5.213　柑橘　　　　　　　　　　　图5.214　柑橘

5.37　大麻科 Cannabaceae

朴属 *Celtis*

朴树 *Celtis sinensis* Pers.

【别名】黄果朴、朴榆、沙朴。

【形态特征】落叶乔木,高可达20 m,胸径1 m。树冠扁球形,树皮平滑,灰色。一年生枝被密毛。叶互生,宽卵形至狭卵形,基部偏斜。花杂性,生于当年枝的叶腋。核果近球形,红褐色,花期4—5月,果实9—10月成熟。

【分布习性】朴树在黄河流域及以南地区均有栽培。喜光以及温暖湿润气候,对土壤要求不严,有一定耐干能力,亦耐水湿及瘠薄土壤,适应力较强,抗烟尘及有毒气体能力强。

【繁殖栽培】朴树以播种繁殖为主,秋季种子成熟后采收、阴干、砂藏层积至翌年春播。播前用木棒敲碎种壳或混砂搓伤外种皮,以利发芽。

【园林应用】朴树树形美观,冠大荫浓,园林中宜作行道树、庭荫树等,也可用于营造风景林、制作盆景等。

图5.215　朴树　　　　　　　　　　　图5.216　朴树

灌木类

6.1 苏铁科 Cycadaceae

苏铁属 *Cycas*

苏铁 *Cycas revoluta* Thunb.

【别名】铁树、辟火蕉、凤尾蕉、凤尾松、凤尾草。

【形态特征】常绿灌木,偶见高大呈小乔木状者。干粗壮直立,色棕黑,极少分枝,灌木至乔木状均有。大型羽状复叶,丛生于茎的顶端,羽片线形,数量可达百对以上,色浓绿,厚革质,有光泽,质地坚硬,边缘向下弯曲。雌雄异株,球花单生枝顶。小孢子叶球圆锥状,大孢子叶球圆球状,种子核果状,成熟时朱红色。

图 6.1 苏铁

图 6.2 苏铁

【分布习性】苏铁喜温暖湿润、通风、排水良好环境,能耐 0 ℃左右短暂低温。可耐半阴,不耐曝晒。根肉质不耐涝。对土壤要求不严,但以肥沃、微酸性的砂质壤土好。生长缓慢,在正常情况下茎干每年只长 1~2 cm,寿命长约 200 年。

【繁殖栽培】苏铁以播种、分蘖繁殖为主。播种繁殖可随采随播,也可砂藏翌年春播。分蘖繁殖宜选择 3 年以上生长发育充实的蘖芽进行。

【园林应用】苏铁树形古朴,体形优美,主干粗壮,坚硬如铁,四季常青,是优美的观赏树种,尤其适宜中心花坛、广场等公共场所种植,也可盆栽布置于室内或大型会场装饰之用。

图6.3　苏铁(小孢子叶球)

图6.4　苏铁(大孢子叶球)

6.2　泽米铁科 Zamiaceae

泽米铁属 *Zamia*

鳞秕泽米 *Zamia furfuracea* Ait.

鳞秕泽米

6.3　柏科 Cupressaceae

刺柏属 *Juniperus*

(1)铺地柏 *Juniperus procumbens*（Endlicher）Siebold ex Miquel

【别名】爬地柏、匍地柏、偃柏、铺地松、铺地龙。

【形态特征】常绿匍匐小灌木,高约75 cm,冠幅逾2 m。枝干贴近地面伸展,小枝密生。叶均为刺形叶,先端尖锐,3叶交互轮生。球果球形,内含种子2~3粒。

图6.6　铺地柏

图6.7　铺地柏

【生态习性】铺地柏是常见裸子植物之一,在我国黄河流域至长江流域广泛栽培。阳性树,亦耐阴,能在干燥的砂地上生长良好,喜石灰质的肥沃土壤,忌低湿地点。耐寒力、萌生力均较强,寿命长,抗烟尘,对 SO_2、Cl_2 等有害气体抗性较强。

【繁殖方法】铺地柏较难获取种子,扦插繁殖为主,也可压条繁殖。因其较难获取种子,故较少播种繁殖。扦插繁殖可早春硬枝扦插或夏季软枝扦插。压条繁殖简单易行,但繁殖系数低,仅适合少量繁殖时采用。

【园林用途】铺地柏植株低矮,特点突出,园林中常配植点缀岩石园、草坪角隅或园路转角等处,也可盆栽制作盆景观赏等。

图6.8　铺地柏　　　　　　　　　　　　图6.9　铺地柏

（2）砂地柏 *Juniperus sabina* Linn.

【别名】叉子圆柏、新疆圆柏、天山圆柏。

【形态特征】沙地柏与铺地柏的识别特征、习性、繁殖栽培及园林应用等高度相似,主要区别在于砂地柏具二型叶,幼树多刺叶、壮龄树多鳞叶。

6.4　木兰科 Magnoliaceae

1）玉兰属 *Yulania*

紫玉兰 *Yulania liliflora*（Desr.）D. L. Fu

【别名】辛夷。

【形态特征】落叶灌木,高 3～5 m,树皮灰色,小枝淡紫色。叶倒卵圆形至宽椭圆形,长 8～18 cm,宽 3～10 cm,先端急尖或渐尖,基部渐狭沿叶柄下延至托叶痕,叶面深绿色,幼嫩时疏生短柔毛,背面灰绿色,沿脉有短柔毛。花蕾卵圆形,被淡黄色绢毛。花叶同时开放,瓶形,直立于粗壮、被毛的花梗上,稍有香气。花朵外侧紫色或紫红色,内侧带白色。聚合果深紫褐色,变褐色,圆柱形,长 7～10 cm。花期3—4月,果期9—10月。

【分布习性】我国华中、西南、华南及东南各地有栽培。喜温暖湿润和阳光充足环境,不甚耐寒,喜肥沃、湿润而排水良好之土壤,不耐旱和盐碱土,肉质根,怕水淹。

【繁殖栽培】紫玉兰以分株、压条和播种繁殖为主。分株繁殖主要用利刀将根部萌蘖带根切下,另栽即可。播种繁殖可于秋季采收种子后砂藏至翌年春播,3～4周萌芽。

【园林应用】紫玉兰是优秀的早春花木,花大色艳、气味幽香,是我国栽培历史长达数千年的优秀庭院花木,适宜孤植、丛植或散植庭院、公园等地。

图6.10 紫玉兰

图6.11 紫玉兰

2)含笑属 *Michelia*

含笑花 *Michelia figo*(Lour.)Spreng.

【别名】含笑梅、山节子、香蕉花。

【形态特征】常绿灌木,高2~3 m,树皮灰褐色,分枝繁密。芽、嫩枝,叶柄,花梗均密被黄褐色柔毛。叶革质,狭椭圆形或倒卵状椭圆形,长4~10 cm,宽2~5 cm。花直立,淡黄色,或花瓣边缘略带紫红色,有香气。花期3—5月,果期7—8月。

【分布习性】含笑花原产我国华南地区,现长江流域及以南广泛栽培,北方多盆栽。性喜半阴,忌强光直射,不耐干旱,略耐寒,适生疏松、肥沃的微酸性土壤。

【繁殖栽培】含笑花以扦插繁殖为主,也可嫁接、播种和压条。扦插于花后进行,剪取当年生新梢作插穗。嫁接繁殖可用紫玉兰、黄兰作砧木,于早春腹接或枝接。播种繁殖于秋季采收种子后砂藏至翌年春季播种。压条繁殖主要在夏季进行。

【园林应用】含笑花树形优美,花香叶绿,是福建泉州的市花。园林中适合配植公园、小游园、街头绿地等处,也可盆栽观赏。

图6.12 含笑

图6.13 含笑

6.5　蜡梅科 Calycanthaceae

蜡梅属 *Chimonanthus*

蜡梅 *Chimonanthus praecox*（Linn.）Link

【别名】金梅、腊梅、香梅。

【形态特征】落叶灌木，株高可达 4 m。幼枝四方形，老枝近圆柱形，灰褐色。叶纸质至近革质，卵圆形、椭圆形、宽椭圆形至卵状椭圆形，有时长圆状披针形，长 5 ~ 25 cm，宽 2 ~ 8 cm，先端渐尖，全缘，叶面有硬毛。花单生叶腋，蜡黄色，香气浓郁，径 2 ~ 4 cm。果坛状或倒卵状椭圆形，长 2 ~ 5 cm。花期 11 月—翌年 2 月，果期 6—8 月。

图 6.14　蜡梅

图 6.15　蜡梅

【分布习性】我国华南、东南、西南、华中、西北等地有栽培。性喜阳光，能耐阴、耐寒、耐旱，忌渍水。适生于土层深厚、肥沃、疏松、排水良好的微酸性砂质壤土，盐碱地生长不良。耐修剪，易整形。

【繁殖栽培】蜡梅以分株、嫁接繁殖为主，也可播种、扦插、压条繁殖等。分株繁殖宜叶芽刚萌动时进行，用利刀按每丛 2 ~ 3 根茎杆劈开，移出另栽。嫁接繁殖可切接、腹接等法。播种繁殖多于夏秋采收成熟果实，取出种子干藏至翌春播种。

【园林应用】蜡梅冬春开花，花朵金黄似蜡，迎霜傲雪、香气袭人，是我国传统名贵观花树种，也是湖北荆州、四川达州等地的市花。宜配植庭院、公园、小游园等地，丛植、群植、散点植、片植均可，也可盆栽观赏。

图 6.16　蜡梅

图 6.17　蜡梅

6.6 小檗科 Berberidaceae

1）小檗属 Berberis

（1）日本小檗 Berberis thunbergii DC.

【别名】小檗。

【形态特征】落叶灌木,高 2～3 m。幼枝紫红色,老枝灰棕或紫褐色,有沟槽。刺单一,多不分叉。叶倒卵形或匙形,长 0.5～2 cm,先端钝,全缘。两面无毛,正面暗绿,背面灰绿。花黄色,簇生呈伞形花序,浆果长椭圆形,长约 1 cm,鲜红色。花期5—6月,果期8—9月。

【分布习性】日本小檗原产我国及日本,现国内各地广泛栽培。对光照要求不严,喜光也耐阴,喜温凉湿润的气候环境,耐寒性强,也较耐干旱瘠薄,忌积水。对土壤要求不严,萌芽力强,耐修剪。

【繁殖栽培】日本小檗播种繁殖以春播为主,播前做好种子消毒与催芽处理。扦插繁殖夏秋均可进行。

【园林应用】日本小檗枝细密有刺,春有小黄花,秋叶变红且累累红果,适宜用作刺篱、地被,也可用作盆栽。

（2）紫叶小檗 Berberis thunbergii ‘Atropurpurea’

【别名】紫叶女贞、紫叶日本小檗、红叶小檗。

【形态特征】紫叶小檗是日本小檗的栽培变种,现在我国南北各地广泛栽培。与日本小檗相比,其识别特征、分布习性、园林应用基本相同,主要区别在于其叶终年紫红色,观赏价值更加突出。

图 6.18　日本小檗

图 6.19　紫叶小檗

　　同属常见栽培尚有细叶小檗（Berberis poiretii Schneid.）、豪猪刺（Berberis julianae Schneid.）等。分布习性、园林应用与日小檗极相近,主要区别在于细叶小檗叶狭倒披针形,全缘或中上部疏生锯齿。花黄白色,下垂呈总状花序;豪猪刺则刺3分叉,叶长圆状匙形,基部渐狭成叶柄,叶缘有刺状锯齿。花黄白色,下垂呈总状花序。

图 6.20　细叶小檗

图 6.21　豪猪刺

2）十大功劳属 *Mahonia*

（1）十大功劳 *Mahonia fortunei*（Lindl.）Fedde

【别名】狭叶十大功劳、细叶十大功劳、猫刺叶、黄天竹、土黄柏。

【形态特征】常绿灌木,高 0.5～4 m,全体无毛。奇数羽状复叶,小叶 5～9 枚,有叶柄,狭披针形,长 8～10 cm,革质、有光泽,先端急尖或稍渐尖,边缘有刺 6～13 对。总状花序、长 3～5 cm,黄色。浆果近球形,蓝黑色,被白粉。花期 7—9 月,果期 9—11 月。

【分布习性】产于我国西南、华中,现各地广泛栽培。耐阴、喜温暖湿润气候,不耐暑热,有一定耐寒性,较耐旱,怕水涝,对土壤要求不严。

【繁殖栽培】十大功劳的播种繁殖,宜将种子用湿润沙子贮藏至次年春季进行。分株繁殖主要在秋季或早春进行。扦插繁殖可在早春剪取健壮的 1～2 年生枝条作插穗,也可夏季软枝扦插。

【园林应用】十大功劳叶形奇特、黄花似锦,药用价值很高。园林中可植于庭院、林缘等地,也可与假山、假石相配,或盆栽布置室内。

图 6.22　十大功劳

图 6.23　十大功劳

（2）阔叶十大功劳 *Mahonia bealei*（Fort.）Carr.

【形态特征】常绿灌木或小乔木,高可达 5 m。奇数羽状复叶,小叶 9～15 枚,卵形至卵状椭圆形,长 5～12 cm。革质、正面绿色,背面有白粉,叶缘反卷,每侧有刺 2～5 个。总状花序直立,黄色、有香气。浆果卵形,深蓝色,被白粉。花期 4—5 月,果期 9—10 月。

【分布习性】阔叶十大功劳原产我国，现在华南、西南、中南、华中、华东等地习见栽培。

【繁殖栽培】同十大功劳。

【园林应用】阔叶十大功劳四季常绿，树形雅致，叶形奇特，花果美丽，可植于庭院、公园之池畔、山石旁等处，也可盆栽布置室内。

图 6.24　阔叶十大功劳

图 6.25　阔叶十大功劳

3）南天竹属 *Nandina*

南天竹 *Nandina domestica* Thunb.

【别名】南天竺。

【形态特征】常绿小灌木，茎常丛生而少分枝，高 1~3 m，幼枝常为红色，后渐呈灰色。三回羽状复叶，互生，小叶薄革质，椭圆状披针形，长 2~10 cm，全缘，深绿色，冬季易于变红色。花小，构成直立顶生圆锥花序、白色，具芳香。浆果球形，直径 5~8 mm，熟前绿色，熟后红色。花期 5—6月，果期 9—11 月。

【分布习性】南天竹产于我国长江流域及日本等地，现各地习见栽培。性喜温暖及湿润的环境，能耐半阴。适生于肥沃、湿润而排水良好的砂质壤土。对水分要求不甚严格，生长较慢。

【繁殖栽培】南天竹以分株繁殖、播种繁殖为主。分株繁殖可于春秋两季掘出植株，自根系薄弱处分丛另行栽植即可。播种繁殖需将采收后的成熟种子果皮果肉去除，砂藏层积至次春播种，也可秋播。扦插多早春进行，也可于梅雨季节或秋季扦插。

【园林应用】南天竹茎干丛生，枝叶扶疏，秋冬红果累累，宜丛植庭院、草地边缘等处，也可以盆栽观赏。

图 6.26　南天竹

图 6.27　南天竹

6.7 金缕梅科 Hamamelidaceae

1）檵木属 *Loropetalum*

红花檵木 *Loropetalum chinense* var. *rubrum* Yieh

【别名】红继木、红桋木。

【形态特征】常绿灌木或小乔木，小枝纤细、多分枝，有柔毛。叶小，椭圆状卵形，先端钝尖，长2~5 cm，宽1.5~2.5 cm，全缘，终年紫红色。花两性、红色。蒴果木质，种子黑色有光泽。花期4—6月。

【分布习性】红花檵木原产我国，现南方各地广泛栽培。喜光、稍耐阴，但光照不良时叶色变淡。适应性强、耐旱、耐寒、耐瘠薄土地。萌芽力强，耐修剪。

【繁殖栽培】红花檵木播种繁殖可于秋季蒴果尚未裂开时取种即播，也可次年春播。扦插繁殖可软枝扦插，也可硬枝扦插。嫁接繁殖则适宜春季切接、夏秋季芽接。

【园林应用】红花檵木枝繁叶茂、花叶紫红，多于路旁、林缘种植作绿篱，或搭配模纹花坛，也可用于制作盆景、桩景以及造型树等。

图6.28 红花檵木

图6.29 红花檵木

2）蚊母树属 *Distylium*

蚊母树 *Distylium racemosum* Sieb. et Zucc.

【别名】蚊母、蚊子树。

【形态特征】常绿灌木，嫩枝有鳞秕。叶革质，椭圆形或倒卵状椭圆形，长3~7 cm，宽1.5~3.5 cm，先端钝，无毛、全缘。总状花序，长约2 cm，雌雄花在同一个花序上，雌花位于顶端。蒴果卵圆形，长1~1.5 cm。

【分布习性】蚊母树分布于我国东南、中南等地，现南方各地常见栽培。喜光，稍耐阴，喜温暖湿润气候，耐寒性不强。对土壤要求不严，萌芽力强，耐修剪。有较强的抗烟尘及有毒气体能力，新叶生长时易于遭受寄生蚜产卵而形成虫瘿。

【繁殖栽培】蚊母树以扦插繁殖为主，也可播种繁殖。扦插繁殖多于春季、秋季进行，选取当年生半木质化枝条作插穗。

【园林应用】蚊母树枝叶密集,树形整齐,叶色浓绿,可用于工矿区绿化,或植于路旁、草坪边缘等地,丛植、片植或作绿篱均可。

图6.30 蚊母树

图6.31 蚊母树

6.8 桑科 Moraceae

1) 桑属 *Morus*

桑 *Morus alba* Linn.

【别名】桑树。

【形态特征】落叶灌木或小乔木,高3~10 m,树皮厚,灰色。叶卵形或广卵形,长5~15 cm,宽5~12 cm,边缘有粗钝锯齿,有时叶不规则分裂。花单性异株,柔荑花序。聚花果卵状椭圆形,成熟时黑紫色、白色均有,俗称桑葚。花期3—4月,果期5—8月。

【分布习性】桑原产我国中部和北部,现国内各地均有栽培。喜光,幼时稍耐阴。喜温暖湿润气候、耐寒、耐干旱,耐水湿能力强。对土壤的适应性强,于土层深厚、湿润、肥沃土壤中生长最佳。萌芽力强、耐修剪。根系发达,抗风力强,有较强的抗污染能力。

【繁殖栽培】桑扦插繁殖极易成活,根插、枝插均可。也可播种、嫁接繁殖等。

【园林应用】桑树冠宽阔,树叶茂密,适于城市绿地、工矿厂区等地绿化,也可作防护林。

图6.32 桑

图6.33 桑

2）**榕属** *Ficus*

无花果 *Ficus carica* Linn.

无花果

6.9　榆科 Ulmaceae

榆属 *Ulmus*

龙爪榆 *Ulmus pumila* 'Pendula'

龙爪榆

6.10　山茶科 Theaceae

山茶属 *Camellia*

（1）山茶 *Camellia japonica* Linn.

【别名】红山茶、茶花。

【形态特征】常绿灌木或小乔木，高 2～10 m，嫩枝无毛、淡褐色。叶厚革质，椭圆形、卵形皆有，长 5～10 cm，宽 2～5 cm，先端略尖或钝，无毛。花无柄、顶生，花色丰富，直径 6～8 cm。果近球形，直径 2.5～3 cm。花期 1—3 月，果期 9—10 月。常见栽培的园艺品种超过 3 000 种。

【分布习性】山茶主要分布于我国和日本，现在我国中部及南方各地多有栽培。性喜温暖湿润气候和空气流通的环境，适生于排水良好、疏松肥沃的微酸性砂质壤土。

【繁殖栽培】山茶扦插繁殖成活率高，夏季秋季均可进行。山茶亦可嫁接、压条及播种繁殖。

【园林应用】山茶是我国十大名花之一，素有"花中娇客"之美誉。山茶株型优美、花型丰富、花色艳丽，是优秀庭院花木，也是重庆、山东青岛等地的市花。园林中常孤植、丛植、群植及布置专类园等，也可盆栽观赏。

图 6.38　山茶

图 6.39　茶梅

（2）茶梅 *Camellia sasanqua* Thunb.

【形态特征】常绿灌木或小乔木，高约5 m，树冠球形或扁圆形。树皮粗糙，条状剥落，嫩枝有毛。叶互生，椭圆至长圆卵形，革质，边缘有细锯齿，长3～6 cm。花色多样，白、红、粉色皆有，略芳香，直径3～7 cm。蒴果球形，直径约2 cm，稍被毛。花期9月至翌年1月。

【分布习性】我国长江流域及以南地区多栽培。性强健、喜光，喜温暖湿润气候，较耐寒。适生于疏松肥沃、排水良好的酸性砂质壤土中。

【繁殖栽培】同山茶。

【园林应用】茶梅树形优美、花叶茂盛，可于庭院、草坪中孤植、丛植、群植，也可以配植花坛、花境，或盆栽布置室内。

（3）油茶 *Camellia oleifera* Abel.

油茶

6.11　金丝桃科 Hypericaceae

金丝桃属 *Hypericum*

（1）金丝桃 *Hypericum monogynum* Linn.

【别名】金丝海棠。

【形态特征】半常绿小灌木，高0.5～1.3 m。小枝对生，光滑无毛。叶纸质、对生，长椭圆形，长3～8 cm，宽1～2.5 cm，全缘。花朵直径3～5 cm，顶生单生或呈聚伞花序，花瓣5枚、金黄色，雄蕊25～35枚，长于花瓣。蒴果卵圆形，长约8 mm。花期5—8月，果期8—10月。

【分布习性】我国华南、华东、华中、西南各地均有分布。适应能力强，喜光，略耐阴，适生于湿润、半阴之处，不甚耐寒。

【繁殖栽培】金丝桃分株、扦插或播种繁殖均可。分株宜在早春进行，较易成活。扦插宜在早春萌芽前取硬枝扦插，也可夏季取带踵的嫩枝扦插。播种主要以春播为主。

【园林应用】金丝桃花叶秀丽，是我国南方庭院中常见的观赏花木。宜植于庭院、假山及路旁等处，也可点缀草坪、盆栽观赏或作切花材料。

图6.42　金丝桃

图6.43　金丝桃

（2）金丝梅 *Hypericum patulum* Thunb. ex Murray

金丝梅

6.12 锦葵科 Malvaceae

1）木槿属 *Hibiscus*

（1）朱槿 *Hibiscus rosa-sinensis* Linn.

【别名】扶桑、大红花。

【形态特征】常绿小灌木，株高1~3 m，直立多分枝。叶互生、阔卵形或狭卵形，长4~9 cm，宽2~5 cm，先端渐尖，边缘有粗齿、基部全缘。花单生于上部叶腋间，常下垂，花梗长3~7 cm，直径6~10 cm，既有单瓣也有重瓣，雄蕊柱超出花冠。花色丰富，玫瑰红、淡红、淡黄、白色等均有。蒴果卵形，平滑无毛，有喙。四季可花，尤夏秋为甚。

【分布习性】我国南部分布较多。阳性植物，性喜温暖湿润气候，不耐阴、不耐寒、不耐旱。生性强健、管理简单，对土壤的适应范围较广，抗污染能力强，较耐修剪，萌芽能力强。

【繁殖栽培】朱槿常用扦插繁殖，生长期均可进行，以梅雨季节最佳，成活率甚高。也可春秋季嫁接繁殖，适宜扦插成活率低的重瓣品种，枝接、芽接均可，用单瓣扶桑作砧木。

【园林应用】朱槿花大色艳，花期绵长，观赏价值极高，是广西南宁的市花。园林中可孤植、丛植池畔、亭侧，点缀庭院等，也可以盆栽观赏。

图6.45 扶桑

图6.46 扶桑

（2）木槿 *Hibiscus syriacus* Linn.

【形态特征】落叶灌木，高3~4 m，小枝直立、灰褐色，密被茸毛。叶菱形至三角状卵形，长3~6 cm，宽2~4 cm，不裂或2浅裂，边缘具不整齐齿缺。花单生于叶腋，直径5~8 cm，有梗、钟状，单瓣、重瓣均有，淡紫色、粉色、白色、红色等。花期6—10月，果实10—11月成熟。

【分布习性】我国长江流域各地有分布，栽培品种较多。喜光而稍耐阴，喜温暖、湿润气候，较耐寒。萌蘖性强，耐修剪。对土壤要求不严，有较强的抗污染能力。

【繁殖栽培】同扶桑。

【园林应用】木槿枝繁叶茂，花大色艳，花期绵长，是优秀的庭院花木之一。可孤植、丛植窗前屋后、庭院以及工矿厂区等地,也可盆栽布置室内。

图6.47　木槿

图6.48　木槿

2）悬铃花属 *Malvaviscus*

垂花悬铃花 *Malvaviscus penduliflorus* Candolle

【**别名**】小悬铃花、南美朱槿、卷瓣朱槿。

【**形态特征**】常绿小灌木,嫩枝和叶初被茸毛。叶色浓绿,边缘有浅齿。花腋生,梗长约0.5 cm,有茸毛,花朵呈吊钟状下垂,花瓣不展开。全年可花。

【**分布习性**】垂花悬铃花原产南美洲,现分布于世界各地热带及亚热带地区。喜温暖湿润气候及阳光充足、通风良好之环境,耐热、耐旱、耐瘠、不耐严寒,对土壤要求不严。

【**繁殖栽培**】以扦插繁殖为主,也可分株繁殖。扦插繁殖适宜在夏、秋季节剪取健壮、充实的半木质化嫩枝进行。

【**园林应用**】垂花悬铃花生长迅速,花型奇特,适宜庭园、公园等地配植,孤植、丛植均可,也可配植花境、花坛,或盆栽观赏。

图6.49　垂花悬铃花

图6.50　垂花悬铃花

3）苘麻属 *Abutilon*

金铃花 *Abutilon pictum*（Gillies ex Hook.）Walp.

【**别名**】风铃花、灯笼花、灯笼扶桑。

【**形态特征**】常绿灌木,高2～3 m。叶互生、掌状3～5深裂,直径5～8 cm,边缘具锯齿或粗齿。叶柄长、无毛。花单生叶腋,形似风铃。花期长,5—10月为甚。

【**分布习性**】金铃花原产南美洲,我国各大城市多有引种栽培。喜温暖湿润气候,不耐寒。喜阳光,稍耐阴、耐瘠薄,但以肥沃湿润、排水良好的微酸性土壤较好。

【**繁殖栽培**】金铃花以扦插、嫁接繁殖为主。扦插繁殖适宜在夏、秋季节剪取健壮、充实的半木质化嫩枝进行。

【**园林应用**】金铃花枝条柔软,花大美丽,观赏价值甚高,园林中可布置花丛、花境,也可作盆栽、悬挂花篮等。

图6.51　金铃花

图6.52　金铃花

6.13　杨柳科 Salicaceae

柳属 *Salix*

银柳 *Salix argyracea* E. L. Wolf

银柳

6.14　杜鹃花科 Ericaceae

杜鹃花属 *Rhododendron*

（1）锦绣杜鹃 *Rhododendron* × *pulchrum* Sweet

【**别名**】春鹃、毛鹃、紫鹃、鲜艳杜鹃、毛叶杜鹃、鳞艳杜鹃。

【**形态特征**】常绿灌木,高可达2～3 m。小枝、叶等均密被棕褐色柔毛。叶纸质,长椭圆形,长5～10 cm,宽1～3 cm,顶端尖,基部楔形。花鲜红或深红等色,宽漏斗状,数朵簇生于枝端。蒴果卵圆形,长约1 cm,有毛。花期4—5月,果熟期10月。

【**分布习性**】锦绣杜鹃的园艺品种很多,在我国广泛分布。性喜凉爽、湿润、通风的半阴环境,既怕酷热又怕严寒,适生于酸性土壤,为酸性土指示植物。

【繁殖栽培】以扦插、嫁接繁殖为主,也可压条或播种繁殖。扦插繁殖宜夏季选取当年生枝条作插穗。

【园林应用】锦绣杜鹃四季常绿、花色丰富、观赏价值高。杜鹃是我国传统十大名花之一,也是四川眉山、江西赣州等地的市花。园林中适宜植于湿润而有庇荫的林下、岩际、溪边、池畔及草坪边缘等处,丛植、群植均可,也可用于制作盆景。

（2）夏鹃 *Rhododendron simsii* Planch.

【形态特征】常绿灌木,高 2～5 m,分枝多而纤细,密被棕褐色糙毛。叶近革质,常集生枝端,卵形至倒披针形,长 2～5 cm,宽 1～2 cm,先端短渐尖,基部楔形或宽楔形,边缘微反卷,具细齿。花数朵簇生枝顶,单瓣、重瓣均有,红、紫、粉、白或复色等。蒴果卵球形,长约 1 cm,密被糙毛。花期 5—8 月,果期 8—10 月。

【分布习性】夏鹃的园艺品种很多,我国西南、华中、华东及华北等地广泛栽培。喜半阴环境,耐寒怕热,要求土壤肥沃疏松透气、偏酸性。

【繁殖栽培】同春鹃。

【园林应用】同春鹃。

图 6.55　锦绣杜鹃

图 6.56　夏鹃

（3）杂种杜鹃 *Rhododendron hybrida* Hort.

【别名】西洋杜鹃、比利时杜鹃、西鹃。

【形态特征】常绿小灌木。枝、叶表面疏生柔毛。分枝多,一年生枝绿色或红色,与花色有关。叶卵圆形,深绿色,聚生枝顶,大小间于春鹃与夏鹃之间。花型大小不一;花色多变,紫色、红色、白色、复色均有,也有同株异花、同花多色等特点。

【分布习性】西鹃园艺品种繁多,现我国各地广泛栽培。喜温暖湿润气候及凉爽、通风的半阴环境。适生于疏松肥沃、富含有机质及排水良好的微酸性砂质壤土。

【繁殖栽培】同春鹃。

【园林应用】西鹃花色、花型多变,宜盆栽观赏,也可与山石相配或植于溪边、池畔及草坪边缘等地。

图 6.57　杂种杜鹃

图 6.58　杂种杜鹃

6.15　报春花科 Primulaceae

紫金牛属 *Ardisia*

（1）紫金牛 *Ardisia japonica*（Thunb.）Blume

【别名】短脚三郎、凉伞盖珍珠。

【形态特征】常绿小灌木，或亚灌木，近蔓生，高 15～30 cm。叶对生或近轮生，纸质或近革质，椭圆形至椭圆状倒卵形，顶端急尖，基部楔形，长 4～7 cm，宽 1.5～4 cm，边缘具细锯齿。花序近伞形，腋生或近顶生，花两性、白色。果球形，直径 5～6 mm，鲜红渐转紫黑色，经久不落。花期 5—6 月，果期 11—12 月至次年 5—6 月。

【分布习性】我国长江流域及以南各地有分布。喜温暖、湿润环境，喜荫蔽或半阴环境，忌阳光直射。适宜生长于富含腐殖质、排水良好的砂质壤土。

【繁殖栽培】紫金牛以分株、播种繁殖为主。分株繁殖常在春秋分栽根状茎即可。紫金牛种子当年极少萌发，可取成熟果实去除果肉、洗净晾干后低温砂藏层积至翌年春季播种。

【园林应用】紫金牛枝叶常青，果实经久不凋，适宜盆栽观果，也可与岩石相配、点缀草坪等处。

（2）朱砂根 *Ardisia crenata* Sims

朱砂根

6.16　海桐科 Pittosporaceae

海桐属 *Pittosporum*

海桐 *Pittosporum tobira*（Thunb.）Ait.

【别名】七里香、宝珠香、山瑞香。

【形态特征】常绿灌木，高可达 6 m，嫩枝被褐色柔毛，有皮孔。叶互生、革质，倒卵形或倒卵状披针形，长 4～9 cm，宽 1.5～4 cm，正面深绿色有光泽，背面浅绿色，全缘，常聚生于枝顶呈假轮生状。伞形花序或伞房状伞形花序顶生或近顶生,花白色,有芳香,后变浅黄色。蒴果圆球形,有3棱,被黄褐色柔毛。种子多数,红色。花期4—6月,果熟期10—12月。

【分布习性】我国长江流域及其以南各地庭园习见栽培观赏。对气候的适应性较强,喜光,略耐阴。喜温暖湿润气候及疏松、肥沃土壤,略能耐寒冷。对SO_2、HF、Cl_2等有毒气体抗性强。

【繁殖栽培】以播种、扦插繁殖。秋季采果后取出种子,拌草木灰揉搓去除假种皮及胶质,洗净,阴干后砂藏层积处理,翌春播种。扦插于早春剪取一至二年生嫩枝作插穗。

【园林应用】海桐枝叶繁茂,树冠近球形,叶色浓绿、有光泽,可孤植、丛植于草地边缘、林缘,或列植道路两旁、营造海岸防潮林、防风林及矿区绿化,也可盆栽观赏等。

图6.61　海桐

图6.62　海桐

6.17　蔷薇科 Rosaceae

1)绣线菊属 *Spiraea*

粉花绣线菊 *Spiraea japonica* Linn. f.

【别名】日本绣线菊。

【形态特征】直立灌木,高可达1.5 m。枝细长、开展,小枝光滑或幼时有细毛。单叶互生,卵状披针形至披针形,边缘具缺刻状重锯齿,叶面有皱纹并散生细毛,背略带白粉。花期5月,复伞房花序,生于当年生枝端,花粉红色。果期8月,蓇葖果,卵状椭圆形。

【分布习性】粉花绣线菊原产日本、朝鲜等地,现我国各地有栽培。喜光、能耐半阴,耐寒性较强、不耐积水、略耐干旱。能耐瘠薄土地,但在疏松、肥沃,富含有机质的土壤中生长发育良好。

【繁殖栽培】粉花绣线菊可分株、扦插或播种繁殖。播种繁殖可于秋季种子成熟后,采摘、晒干、脱粒、贮藏,翌年春天播种。分株繁殖多于春季结合移植等,从母株上分离萌蘖条,适当修剪后分栽。粉花绣线菊的嫩枝和硬枝都可以扦插,但嫩枝的扦插成活率高于硬枝扦插。

【园林应用】粉花绣线菊夏季开花,且花朵繁多,颜色娇艳,可配植于花坛、花境、草坪及园路角隅等处,也可用作基础种植之用。

图 6.63　粉花绣线菊　　　　　　　　　图 6.64　粉花绣线菊

2）火棘属 *Pyracantha*

火棘 *Pyracantha fortuneana*（Maxim.）Li

【别名】红军粮、救军粮、火把果。

【形态特征】常绿灌木,高可达 3 m。侧枝短,先端成刺状,嫩枝外被锈色短柔毛,老枝暗褐色,无毛。芽小,外被短柔毛。叶片倒卵形或倒卵状长圆形,长 1.5 ~ 6 cm,先端圆钝或微凹,有时具短尖头,基部楔形,下延至叶柄,叶缘有圆钝锯齿,齿尖内弯。3—5 月开花,小花白色,成复伞房花序,径 3 ~ 4 cm。果实近球形,直径约 0.5 cm,橘红色或深红色,8—11 月成熟。

【分布习性】火棘分布于我国黄河以南及广大西南地区,尤其适生于海拔 500 ~ 2 800 m 的山地灌丛中或溪边。喜强光,也稍耐阴。耐贫瘠、抗干旱、不甚耐寒,喜空气湿润。对土壤要求不严,而以排水良好、湿润、疏松的中性或微酸性壤土为好。

【繁殖栽培】火棘播种、扦插繁殖均可。播种繁殖时,在秋冬季采收果实后去除果肉,冲洗干净种子,即可播种,也可砂藏至次春播种;扦插繁殖则宜选取一至二年生枝作插穗,11 月—翌年 3 月均可进行,成活率较高。

【园林应用】火棘适应能力强,耐修剪,喜萌发,枝叶茂盛,夏季白花繁密,入秋红果累累。园林中适宜用作绿篱,也可作为基础性栽植、丛植、孤植草地边缘、园路转角处等。火棘也是盆景制作的优良素材之一。

图 6.65　火棘　　　　　　　　　　　图 6.66　火棘

3）木瓜属 *Chaenomeles*

贴梗海棠 *Chaenomeles speciosa*（Sweet）Nakai

【别名】皱皮木瓜、贴梗木瓜、铁脚梨、楸、木瓜。

【形态特征】落叶灌木，高可达 2 m，枝条直立开展，有刺。小枝圆柱形，微屈曲，无毛，紫褐色或黑褐色，有疏生浅褐色皮孔。叶卵形至椭圆形，稀长椭圆形，长 3～9 cm，先端急尖，稀圆钝，基部楔形至宽楔形，边缘具有尖锐锯齿。叶柄长约 1 cm，托叶大，革质，肾形或半圆形，稀卵形，边缘有尖锐重锯齿。先花后叶或花叶同放，常 3～5 朵簇生于二年生老枝上，花梗短粗。花径 3～5 cm，萼筒钟状，花瓣倒卵形或近圆形，基部延伸成短爪，长 10～15 mm，猩红色，稀淡红色或白色。果球形或卵球形，直径 4～6 cm，黄色或黄绿色，味芳香，果梗短或近于无梗。花期 3—5 月，果期 9—10 月。

【分布习性】贴梗海棠产于我国陕西、甘肃、四川、重庆、贵州、云南、广东、浙江、山东等地，现各地广泛栽培。温带树种，适应性强。喜光，也耐半阴。耐寒、耐旱、耐瘠薄土地。对土壤要求不严，在肥沃、排水良好的黏土、壤土中均可正常生长，唯忌低洼和盐碱地。

【繁殖栽培】贴梗海棠扦插、分株、压条、播种繁殖均可。扦插繁殖取发育充实的 1～2 年生枝条在早春或秋季落叶后进行；压条繁殖一般在春、秋两季于老树周围挖穴，再把生长于其根部的枝条弯曲下来，压入土中促其生根发芽；播种繁殖、分株繁殖则春季、秋季均可。

【园林应用】贴梗海棠早春先花后叶，花色浓艳，尤其重瓣品种更为夺目。夏秋时节，硕果累累，且姿态多变，是优秀的庭院观花赏果树种，也是四川乐山的市花。园林常配植公园、庭院、校园、广场以及道路两侧等地，孤植、丛植均可，也是制作各种造型盆景的优秀素材。

图 6.67　贴梗海棠

图 6.68　贴梗海棠

4）苹果属 *Malus*

垂丝海棠 *Malus halliana* Koehne

【形态特征】落叶小乔木，高可达 5 m，树冠疏散，枝开展。小枝细弱，微弯曲，圆柱形，最初有毛，不久脱落，紫色或紫褐色。叶卵形或椭圆形至长椭卵形，长 3.5～8 cm，先端长渐尖，基部楔形至近圆形，锯齿细钝或近全缘，质较厚实，表面有光泽。中脉有时具短柔毛，其余部分均无毛，上面深绿色，有光泽并常带紫晕。叶柄长 5～25 mm，幼时被稀疏柔毛，老时近于无毛。托叶小，膜质，披针形，内面有毛，早落。伞房花序，具花 4～6 朵，花梗细弱，长 2～4 cm，下垂，有稀疏柔毛，紫色。花瓣倒卵形,长约1.5 cm,基部有短爪,粉红色。果梨形或倒卵形,直径6~8 mm,略带紫色,果梗长2~5 cm。花期3—4月,果期9—10月。

【分布习性】垂丝海棠产于我国华中、华东、西南各地,现国内各地广泛栽培。性喜温暖湿润环境,适生于阳光充足、背风之处,不耐阴、忌积水。适应能力强,对土壤要求不严,微酸或微碱性土壤均可生长。

【繁殖栽培】垂丝海棠可采用扦插、分株、压条等法繁殖。扦插多于春插进行,分株繁殖多于早春将母株根际萌发的小苗分离开来,保留须根,剪去干梢,另行栽植即可。

【园林应用】垂丝海棠种类繁多,树形多样,叶茂花繁,丰盈娇艳,观赏价值甚高。园林中可门庭两侧对植,或在亭台周围、丛林边缘、水滨布置,或列植或丛植于公园游步道旁等,亦是制作盆景的好材料。

图6.69　垂丝海棠

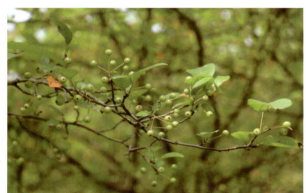

图6.70　垂丝海棠

5)棣棠花属 *Kerria*

棣棠花 *Kerria japonica*(Linn.)DC.

【别名】棣棠、地棠、鸡蛋黄花、土黄条、蜂棠花、金棣棠梅等。

【形态特征】落叶灌木,高1~2 m,少数可3 m。小枝细长绿色,圆柱形,无毛,常拱垂,嫩枝有棱角。单叶互生,三角状卵形或卵圆形,长4~8 cm,顶端长渐尖,基部圆形、截形或微心形,边缘有尖锐重锯齿,两面绿色,上面无毛或有稀疏柔毛,下面沿脉或脉腋有柔毛。叶柄长5~10 mm,无毛,托叶早落。花黄色,径5~6 cm,单生于当年生侧枝顶端,梗无毛。瘦果倒卵形至半球形,褐色或黑褐色,表面无毛,有皱褶。花期4—6月,果期6—8月。

【分布习性】我国南方城市习见栽培,喜温暖湿润和半阴环境,不耐严寒。对土壤要求不严,以肥沃、疏松的壤土生长最好。常见栽培变型有重瓣棣棠花[f. *pleniflora*(Witte)Rehd.]、金边棣棠花(f. *aureo-variegata* Rehd.)和银边棣棠花[f. *picta*(Sieb.)Rehd.]等。

【繁殖栽培】棣棠花以分株、扦插和播种繁殖为主。分株繁殖可在早春和晚秋进行;扦插则在早春时选用未发芽的一年生枝作插条,梅雨季节可选用嫩枝进行扦插;播种繁殖多春季进行,适合大量繁殖时采用。

【园林应用】棣棠花枝叶翠绿细柔,黄花满树,极具观赏价值。园林中可栽棣棠花于墙隅、花篱、花径等处,也可群植于常绿树丛之前、古木之旁、山石缝隙之中或池畔、水边、溪流及湖沼沿岸等地,甚为美观。

图 6.71 棣棠花

图 6.72 重瓣棣棠花

6）蔷薇属 *Rosa*

（1）月季花 *Rosa chinensis* Jacq.

【别名】月季、月月红、月月花、四季花。

【形态特征】直立灌木，高 1～2 m。小枝粗壮，圆柱形，近无毛，有短粗的钩状皮刺。小叶宽卵形至卵状长圆形，小叶 3～5 枚，稀 7 枚，长 2.5～6 cm，先端长渐尖或渐尖，基部近圆形或宽楔形，边缘有锐锯齿，两面近无毛，上面暗绿色，常带光泽，下面颜色较浅；顶生小叶有柄，侧生小叶片近无柄，总叶柄较长。花数朵集生，稀单生，直径 4～5 cm，重瓣至半重瓣，红色、粉红色至白色皆有。果卵球形或梨形，长 1～2 cm，红色，无毛，萼片脱落。花期 4—9 月，果期 6—11 月。

【分布习性】月季花原产我国，现各地普遍栽培。性喜温暖、日照充足、空气流通的环境。对气候、土壤要求虽不严格，但以疏松、肥沃、富含有机质、微酸性、排水良好的壤土较为适宜。栽培品种极多，常见的变种、变型有单瓣月季［var. *spontanea*（Rehd. et Wils.）Yü et Ku］、紫月季［var. *semperflorens*（Curtis）Koehne］、小月季（var. *minima* Voss.）、变色月季（f. *mutabilis* Rehd.）、黄月季（var. *mulabilis* Rehd.）等。

【繁殖栽培】月季花扦插繁殖极易成活，也可嫁接繁殖，或压条、分株繁殖。嫁接繁殖宜用野蔷薇作砧木。

【园林应用】月季花是我国十大传统名花之一，素有"花中皇后"之美誉，也是北京、天津等地的市花。月季的花朵艳丽、色彩丰富，香艳可爱，且其花期长，养护管理简单，可用于园林布置花坛、花境、点缀草坪、配植于园路角隅、庭院、假山等处，也可盆栽及用作插花素材等。

图 6.73 月季花

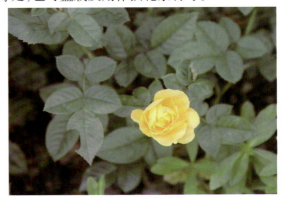

图 6.74 月季花

（2）玫瑰 *Rosa rugosa* thumb.

【别名】徘徊花、刺玫花、赤蔷薇花。

【形态特征】直立灌木，丛生，落叶性，高可达 2 m。茎粗壮，小枝密被茸毛，有直立或弯曲的皮刺，皮刺外被茸毛。技术羽状复叶，小叶 5～9 枚，椭圆形或椭圆状倒卵形，长 1.5～4.5 cm，先端急尖或圆钝，边缘有尖锐锯齿，叶表深绿色，无毛、叶脉下陷、褶皱明显。叶背灰绿色，中脉突起，网脉明显，密被茸毛。花单生于叶腋，或数朵簇生，花径 4～5.5 cm，重瓣至半重瓣，芳香，紫红色至白色。果扁球形，直径 2～2.5 cm。花期 5—6 月，果期 8—9 月。

【分布习性】玫瑰原产我国华北地区，现国内广泛栽培。玫瑰喜阳光充足，耐寒力强，耐干旱，不耐涝，喜排水良好、疏松肥沃的壤土或轻壤土，在黏壤土中生长不良，开花不佳。萌蘖能力强，生长迅速。玫瑰栽培品种很多，常见栽培有白花单瓣玫瑰（f. alba-plena Rehd.）、紫花重瓣玫瑰［f. *plena*（Regel）Byhouwer］、白花重瓣玫瑰［f. *albo*（ware）Rehd.］、粉红单瓣玫瑰（f. *rosea* Rehd.）、紫花单瓣玫瑰［f. *typica*（Regel）Byhouwer］等。

【繁殖栽培】玫瑰的繁殖较为简单，可采取播种、扦插、嫁接、压条、分株等方法进行繁殖，但以扦插、嫁接法繁殖为主。

【园林应用】玫瑰花大色艳，味芳香，是城市绿化的理想花木，适用于花篱、花坛、花境及做地被栽植，也可修剪造型，点缀广场草地、堤岸、花池等。

图 6.75　玫瑰　　　　　　　　　　　　　图 6.76　玫瑰

（3）野蔷薇 *Rosa multiflora* Thunb.

【别名】蔷薇、多花蔷薇、营实墙蘼、刺花、墙蘼、白花蔷薇、七姐妹。

【形态特征】落叶攀援灌木，小枝圆柱形，通常无毛，有短、粗稍弯曲皮刺。小叶 5～9 枚，近花序的小叶有时 3 枚，倒卵形、长圆形或卵形，长 1.5～5 cm，先端急尖或圆钝，基部近圆形或楔形，边缘有尖锐单锯齿，稀混有重锯齿，上面无毛，下面有柔毛。花白色，直径 1.5～2 cm，多朵，排成圆锥状花序，花梗长 1.5～2.5 cm，果近球形，直径 6～8 mm，红褐色或紫褐色，有光泽，无毛。花期 5—6 月，果 10—11 月成熟。

【分布习性】野蔷薇原产我国，现华北、华中、华东、华南及西南等地区习见栽培。野蔷薇性强健、喜光、耐半阴、耐寒、对土壤要求不严，在黏重土中也可正常生长，以肥沃、疏松的微酸性土壤最好。耐瘠薄,忌低洼积水。蔷薇变异性强,庭院栽培常见栽培有粉团蔷薇(var. *cathayensis* Rehd. et Wils)、七姊妹(var. *platyphylla* Thory)、白玉堂(var. *albo-plena* Yu et Ku et Ku)等变型。

【繁殖栽培】野蔷薇常用分株、扦插或压条法繁殖,也可播种繁殖。

【园林应用】野蔷薇花繁叶茂、色香四溢、横斜披展、是优秀的春季观花树种。园林中适宜用于花架、棚架、长廊、粉墙、花柱、栅栏、假山石壁等的垂直绿化,引其攀附。

图6.77　野蔷薇　　　　　　　　　　图6.78　野蔷薇

6.18　豆科 Fabaceae

1)金合欢属 *Vachellia*

金合欢 *Vachellia farnesiana* (Lin.) Wight & Arnott

【别名】刺球花、牛角花。

【形态特征】常绿灌木或小乔木,树皮粗糙,分枝较多,小枝常呈"之"字形弯曲,有皮孔。托叶长1~2 cm,针刺状。二回羽状复叶,羽片4~8对,长1.5~3.5 cm,小叶通常10~20对,狭长圆形,长2~6 mm,宽1~1.5 mm,无毛。头状花序,生于叶腋,球形,直径1~1.5 cm,金黄色,有香味。荚果膨胀,近圆柱状,长3~7 cm,直或略弯曲。花期3—6月,果期7—11月。

【分布习性】金合欢原产美洲热带,我国浙江、台湾、福建、广东、广西、云南、四川、重庆等地有栽培。性喜阳光以及温暖湿润的气候,较耐干旱。宜种植于向阳、背风和肥沃、湿润、疏松肥沃、腐殖质含量高的微酸性壤土中。

【繁殖栽培】金合欢可用播种、扦插、压条、嫁接、分株等方法进行繁殖。

【园林应用】金合欢树势强健,花色金黄,香气浓郁,园林中适宜栽种于公园、庭院等地,既可用于观花灌木、绿篱等,也可用于固土护岸、水土保持及荒山绿化等。

图 6.79　金合欢　　　　　　　　　　　图 6.80　金合欢

2）**紫荆属** *Cercis*

紫荆 *Cercis chinensis* Bunge

【**别名**】满条红。

【**形态特征**】落叶灌木或小乔木,丛生或单生,高 2～6 m。树皮和小枝灰白色。叶纸质,近圆形或三角状圆形,长 5～10 cm,先端急尖,基部心形,两面通常无毛,嫩叶绿色,仅叶柄略带紫色。花紫红色或粉红色,先叶开放,2～10 余朵成束,簇生于老枝和主干上,尤以主干上花束较多,越到上部幼嫩枝条则花越少。荚果扁狭长形,绿色,长 4～8 cm,宽 1～1.5 cm,种子 2～6 枚,阔长圆形,长 5～6 mm,宽约 4 mm,黑褐色,光亮。花期 3—4 月,果期 8—10 月。

【**分布习性**】紫荆分布于我国华北、华东、华南、西南等地,各地常见栽培。暖带树种,喜光,稍耐阴,较耐寒。喜肥沃、疏松、排水良好的土壤,不耐水湿。萌芽力强,耐修剪。本种变型:白花紫荆(f. *alba* P. S. Hsu),花纯白色。

【**繁殖栽培**】紫荆用播种、分株、扦插、压条等法均可繁殖,而以春季播种繁殖较为常用。

【**园林应用**】紫荆在我国传统文化中有家庭和美、骨肉情深的寓意,其早春先花后叶,满树繁花,艳丽可爱,观赏价值高。园林中可植于庭院、公园、草坪边缘、道路绿化带等处,丛植、群植均可。

图 6.81　紫荆　　　　　　　　　　　图 6.82　紫荆

3）决明属 *Senna*

（1）双荚决明 *Senna bicapsularis*（Linn.）Roxb.

【别名】黄槐、黄花槐、双荚黄槐、腊肠仔树。

【形态特征】直立灌木，株高 3 ~ 5 m，分枝多，光滑无毛。羽状复叶，小叶 3 ~ 4 对、倒卵形或倒卵状长圆形，膜质，顶端圆钝，基部渐狭，偏斜。叶背粉绿色，侧脉纤细。总状花序生于枝条顶端的叶腋间，常集成伞房花序状。花鲜黄色，直径约 2 cm，雄蕊 10 枚，7 枚能育，3 枚退化而无花药，能育雄蕊中有 3 枚特大，高出于花瓣，4 枚较小，短于花瓣。荚果圆柱状，直或微曲，长 13 ~ 15 cm。花期 8—10 月，果期 11 月—翌年 3 月，温暖地带花果全年不绝。

【分布习性】双荚决明原产美洲热带地区，现广布于全世界热带地区，我国华南、西南、东南等地常见栽培。适应能力强，对土壤、气候等要求不甚严格。

【繁殖栽培】双荚决明以扦插繁殖为主，也可播种育苗。

【园林应用】双荚决明树形优美，开花时满树黄花，园林中常用作观赏花木或绿篱栽培，也可用作行道树、孤植树等。

图 6.83　双荚决明

图 6.84　双荚决明

（2）黄槐决明 *Senna surattensis*（N. L. Burman）H. S. Irwin & Barneby

黄槐决明

4）朱缨花属 *Calliandra*

朱缨花 *Calliandra haematocephala* Hassk.

【别名】红绒球、美洲合欢、红合欢。

【形态特征】常绿灌木，株高 1 ~ 5 m。枝条扩展，小枝圆柱形，褐色，粗糙。托叶卵状披针形，宿存。一回羽状复叶，小叶 7 ~ 9 对，斜披针形，长 2 ~ 4 cm，宽 7 ~ 15 mm，基部偏斜，边缘被疏柔毛。头状花序腋生，直径 1 ~ 3 cm，淡紫红色，雄蕊突露于花冠之外，非常显著。花期 8—9 月，果期 10—11 月。

【分布习性】朱缨花原产南美，现热带、亚热带地区常有栽培。阳性植物，性喜温暖、湿润和阳光充足的环境，不耐寒，要求土层深厚且排水良好。

【繁殖栽培】朱缨花以扦插、播种繁殖为主。扦插繁殖多在春季剪取 1~2 年生健壮枝条作插穗。播种繁殖宜秋季采种后干藏至翌年春播种,播前温汤浸种催芽。

【园林应用】朱缨花的花朵极美丽,略有香味,可植于庭院、公园、草坪边缘、道路绿化带等处,丛植、群植均可。

图 6.85　朱缨花

图 6.86　朱缨花

6.19　千屈菜科 Lythraceae

1) 紫薇属 *Lagerstroemia*

紫薇 *Lagerstroemia indica* Linn.

【别名】痒痒树、百日红。

【形态特征】落叶灌木或小乔木,高可达 7 m。树皮平滑,灰色或灰褐色。枝干多扭曲,小枝纤细,具四棱,略呈翅状。叶互生或有时对生,纸质,椭圆形、阔矩圆形或倒卵形,长 2.5~7 cm,宽 1.5~4 cm,顶端短尖或钝形,有时微凹,基部阔楔形或近圆形。花淡红色、紫色或白色,直径 3~4 cm,常呈顶生圆锥花序。蒴果椭圆状球形或阔椭圆形,长约 1 cm。花期 6—9 月,果期 9—12 月。

【分布习性】我国华南、华中、华东和西南各地习见栽培。喜暖湿气候,喜光,略耐阴、耐旱,对土壤要求不严,喜深厚肥沃的砂质壤土,萌蘖性强。

【繁殖栽培】紫薇以扦插、播种繁殖为主。扦插可春季硬枝扦插或夏季软枝扦插。播种繁殖则于秋季蒴果由青转褐、少数果实微开裂时采收,去掉果皮,将种子干燥贮藏至次年春季播种。

【园林应用】紫薇作为优秀的庭院花木,也是贵州贵阳、湖南邵阳等地的市花。园林中广泛用于公园、庭院、道路绿化,可配植于建筑物前、庭院、池畔、河边、草坪边缘等地,也是制作盆景、桩景的好材料。

图6.87　紫薇　　　　　　　　　　　图6.88　紫薇

2）萼距花属 *Cuphea*

萼距花 *Cuphea hookeriana* Walp.

【别名】细叶萼距花、紫花满天星、红花六月雪。

【形态特征】常绿灌木或亚灌木状，株高30~70 cm，直立、粗糙。分枝细，密被短柔毛。叶薄革质，披针形或卵状披针形，稀矩圆形。叶长2~4 cm，宽5~15 mm，顶端长渐尖，基部圆形至阔楔形，下延至叶柄。花单生叶腋，梗纤细。花小，花瓣6枚，多紫红色。花期长，春夏秋均可开花。

【分布习性】萼距花原产墨西哥，我国南北均有引种栽培。喜温暖湿润气候，稍耐阴，不耐寒，气温低于5 ℃常受冻害。对土壤要求不严，较耐贫瘠土壤，砂质壤土栽培生长更佳，略耐水湿。

【繁殖栽培】萼距花以扦插、分株繁殖为主。扦插宜春秋两季进行，夏季也可。分株繁殖亦适合在春秋进行。

【园林应用】植株低矮，耐粗放管理，开花时节则紫花朵朵似繁星，适宜用作庭园、公园、路旁等地栽植，可作绿篱、地被以及花坛、花境边缘种植，或与山石相配。

图6.89　萼距花　　　　　　　　　图6.90　萼距花

6.20　卫矛科 Celastraceae

卫矛属 Euonymus

冬青卫矛 *Euonymus japonicus* Thunb.

【别名】大叶黄杨、正木。

【形态特征】常绿灌木或小乔木,高可达8 m。小枝绿色,微呈四棱形。叶对生,革质、有光泽,倒卵形至椭圆形,长3~6 cm,宽2~4 cm,先端钝圆或急尖,边缘具浅钝锯齿,两面无毛。花白色,聚伞花序,近枝顶腋生。蒴果淡红色、扁球形,径约8 mm,粉红色。花期5—6月,果期9—10月。

【分布习性】冬青卫矛原产日本南部,现我国南北均有栽培。喜光,叶耐阴。喜温暖湿润气候及肥沃疏松土壤,耐干旱瘠薄,不甚耐寒。极耐修剪,抗有毒有害气体能力强。常见栽培变种有金边大叶黄杨、金心大叶黄杨、银边大叶黄杨等。

【繁殖栽培】冬青卫矛扦插繁殖极易成活,尤其梅雨季节剪取半木质化枝条作插穗,3~4周即可生根。也可压条繁殖。

【园林应用】冬青卫矛枝叶茂密,四季常青,可用作绿篱及背景栽植,也可丛植草地、列植道旁,或盆栽观赏等。

图6.91　冬青卫矛

图6.92　金边大叶黄杨

6.21　冬青科 Aquifoliaceae

冬青属 Ilex

枸骨 *Ilex cornuta* Lindl. et Paxt.

【别名】枸骨冬青、猫儿刺、鸟不宿、无刺枸骨。

【形态特征】常绿灌木或小乔木,高3~8 m。树皮灰白色,平滑不裂。枝小枝粗壮,开展而密生。叶厚革质,有光泽,长圆形,长4~8 cm,宽2~4 cm,缘有宽三角形尖硬锯齿,且齿先端刺状,常向下反卷。花小,黄绿色。核果球形,熟时鲜红色,直径 8 ~ 10 mm。花期 4—5 月,果实 9—11月成熟。

【分布习性】枸骨产于我国长江流域及以南各地,现各地广泛栽培。青喜光,稍耐阴、耐干旱瘠薄、不甚耐寒。于温暖气候及疏松肥沃、排水良好的微酸性土壤生长良好,也能适应城市环境,抗有害气体能力强。生长缓慢。萌蘖力强,耐修剪。园林中常见栽培有无刺枸骨(var. national)、黄果枸骨(var. *luteocarpa*)等。

【繁殖栽培】枸骨播种繁殖容易,也可扦插繁殖。播种繁殖可于秋季采收成熟种子,砂藏层积至翌年春季播种,出苗率较高。扦插繁殖适宜梅雨季节进行。

【园林应用】枸骨枝叶稠密,叶形奇特,秋果累累,是优秀的观叶、观果树种。适宜用作基础种植及配植岩石园、点缀草坪、门庭、园路等,孤植、对植、丛植均可,也可制作盆景。

图 6.93　枸骨

图 6.94　无刺枸骨

6.22　黄杨科 Buxaceae

黄杨属 *Buxus*

(1)黄杨 *Buxus sinica* (Rehd. et Wils.) Cheng

【别名】瓜子黄杨、锦熟黄杨。

【形态特征】常绿灌木或小乔木,高 1 ~ 6 m,小枝四棱形,被短柔毛。叶革质,阔椭圆形、阔倒卵形、卵状椭圆形等,长 1.5 ~ 3.5 cm,宽 1 ~ 2 cm,先端圆或钝,常有小凹口,不尖锐,基部圆或楔形,中脉凸起,叶面光亮。花序腋生,头状,花密集。蒴果近球形,长 6 ~ 8 mm。花期 3—4 月,果期 6—7 月。

【分布习性】黄杨产于我国中部地区,现各地广泛栽培。喜半阴及温暖湿润气候、疏松肥沃之中性至微酸性土壤,耐寒能力较强。萌芽能力强,耐修剪,生长比较缓慢。

【繁殖栽培】黄杨常扦插繁殖育苗,四季均可进行,但以夏季嫩枝扦插成活率高。

【园林应用】黄杨四季常青,枝叶茂密,耐修剪,可作绿篱、大型花坛镶边以及造型树树,孤植、丛植、列植、散点植均可,也可用于制作盆景。

（2）雀舌黄杨 *Buxus bodinieri* Levl.

【别名】细叶黄杨。

【形态特征】雀舌黄杨与黄杨高度相似，主要区别在于雀舌黄杨叶匙形，少数呈狭卵形或倒卵形，长 2～4 cm，宽 1～2 cm，中脉、侧脉明显凸起。

雀舌黄杨原产我国华南地区，现各地广泛栽培，其分布习性、繁殖栽培及其园林用途与黄杨基本相同。

图 6.95　黄杨

图 6.96　雀舌黄杨

6.23　大戟科 Euphorbiaceae

1）变叶木属 *Codiaeum*

变叶木 *Codiaeum variegatum*（Linn.）A. Juss.

【别名】洒金榕、变叶月桂。

【形态特征】常绿灌木或小乔木，高可达 2 m，全株具乳汁。枝条无毛，有明显叶痕。叶革质，全缘或分裂，形状颜色差异很大，线形、线状披针形、长圆形、椭圆形、披针形、卵形等，两面无毛，绿色、淡绿色、紫红色、紫黄相间、黄绿相间或散生各色斑点或斑纹均有。夏秋开花，总状花序，蒴果近球形，稍扁，无毛，直径约 9 mm。

【分布习性】变叶木原产于马来半岛至大洋洲一带，我国华南各省区常见露地栽培。喜高温、湿润和阳光充足的环境，不耐寒、不耐旱。喜欢肥沃、保水性强的黏质壤土。

【繁殖栽培】变叶木以扦插繁殖为主，也可压条、分株繁殖。扦插繁殖常于早春硬枝扦插或夏季行嫩枝扦插，成活率较高。

【园林应用】变叶木叶形、叶色多变，是热带、亚热带优良的观叶植物，宜布置于公园、道路绿地及庭院美化等，丛植、片植均可，也可盆栽室内观赏。

图 6.97　变叶木　　　　　　　　　　图 6.98　变叶木

2)海漆属 *Excoecaria*

红背桂 *Excoecaria cochinchinensis* Lour.

【别名】紫背桂、青紫木。

【形态特征】常绿小灌木,株高约 1 m,枝无毛,有皮孔。叶对生,稀互生或近轮生,纸质,狭椭圆形或长圆形,长 6～15 cm,宽 1～4 cm,顶端渐尖,基部渐狭,缘具疏细齿,两面均无毛,腹面绿色,背面紫红或血红色,叶柄长 3～10 mm。花单性,雌雄异株,总状花序,雄花序长 1～2 cm,雌花序由 3～5 朵花组成,略短于雄花序。蒴果球形,直径约 8 mm,基部平截,顶端凹陷。种子近球形,直径约 2.5 mm。适生地区几乎全年可开花。

【分布习性】我国华南、西南等地有露地栽培,其余各省市多有盆栽观赏者。喜温暖湿润气候,不耐寒、不耐旱,耐半阴,忌阳光曝晒,于疏松肥沃、排水良好的砂质壤土生长良好。

【繁殖栽培】红背桂适宜扦插繁殖,也可播种育苗等。

【园林应用】红背桂株型矮小,枝叶飘飒,叶表翠绿,叶背紫红,可植于庭园、公园、住宅区等地之角隅、墙角、阶下,景观效果良好,也可盆栽观赏。

图 6.99　红背桂　　　　　　　　　　图 6.100　红背桂

3)大戟属 *Euphorbia*

一品红 *Euphorbia pulcherrima* Willd. ex Klotzsch

【别名】老来娇、圣诞花、圣诞红、猩猩木。

【形态特征】灌木,直立性强,株高 1 ~ 3 m。分枝多,茎光滑,含乳汁。单叶互生,卵状椭圆形、长椭圆形或披针形,长 10 ~ 15 cm,宽 4 ~ 10 cm,全缘或浅裂,叶背有短柔毛。花序数个聚伞排列于枝顶,花序柄长 3 ~ 4 mm。总苞片淡绿色,叶状,披针形,边缘有齿,开花时有红色、黄色、粉红色等。蒴果,三棱状圆形,长 1.5 ~ 2 cm,直径约 1.5 cm,种子卵状,灰色或淡灰色。花期 11 月—次年 3 月。

【分布习性】一品红原产于中美洲,现在广泛栽培于热带和亚热带地区,我国多数省市区均有栽培。喜光以及喜温暖湿润气候,对土壤要求不严,但在疏松肥沃,排水良好的微酸性砂质壤土中生长最佳。

【繁殖栽培】一品红繁殖以扦插为主,多于 2—3 月选择健壮的一年生枝条作插穗。

【园林应用】一品红植株矮小,苞片红艳耀眼,是优良的观叶植物,可用于布置花坛、花境,也可盆栽观赏。

图 6.101　一品红

图 6.102　一品红

6.24　无患子科 Sapindaceae

槭属 Acer

鸡爪槭 *Acer palmatum* Thunb.

【别名】鸡爪枫、槭树、七角枫。

【形态特征】落叶小乔木,高可达 8 m,树皮深灰色。小枝细瘦。当年生枝紫色或淡紫绿色,多年生枝淡灰紫色或深紫色,光滑。叶纸质,5 ~ 9 掌状深裂,通常 7 裂,裂片长圆状卵形或披针形,先端锐尖或长锐尖,边缘有尖锐锯齿。花小、紫红色,呈顶生伞房花序。翅果长 2 ~ 3 cm,嫩时紫红色,成熟时淡棕黄色。小坚果球形,两翅张开成钝角。花期 5 月,果熟期 9—10 月。

【分布习性】鸡爪槭产于我国华东、华中、西南等地,朝鲜、日本也有分布。园艺变种很多,常见栽培的主要有红枫[f. *atropurpureum*(Van Houtte)Schwer.,又称紫红鸡爪槭]、羽毛枫[var. *dissectum*(Thunb.)K. Koch,又称细叶鸡爪槭]、小鸡爪槭(var. *thunbergii* Pax.,又称深裂鸡爪槭)等。鸡爪槭喜疏荫的湿润环境,怕日光曝晒,抗寒性不强,较耐干旱,不耐水涝。对土壤要求不严,生长速度中等。

【繁殖栽培】鸡爪槭播种、嫁接或扦插繁殖均可。原种多用播种法繁殖,而园艺变种常用嫁接、扦插法育苗。

【园林应用】鸡爪槭树姿优美,叶形秀丽,可将配植草坪、溪边、池畔、墙隅等处,或与山石相配,意境深远,也可制作盆景等。

图6.103　鸡爪槭

图6.104　鸡爪槭

图6.105　红枫

图6.106　羽毛枫

6.25　芸香科 Rutaceae

1) 花椒属 Zanthoxylum

花椒 *Zanthoxylum bungeanum* Maxim.

【别名】山椒、秦椒。

【形态特征】落叶小乔木或灌木,高3~7 m,树皮灰色,小枝上的刺基部宽而扁,呈劲直的长三角形。奇数羽状复叶,互生,小叶5~11枚,叶轴上有窄翅,几无柄,卵状长椭圆形,边缘有细锯齿。圆锥花序黄绿色,顶生或生于侧枝之顶。蓇葖果球形、红色至紫红色,果皮有疣状突起。种子黑色,有光泽。花期4—5月,果期7—8月。

【分布习性】花椒在我国广泛分布,南北均有,尤其陕西、甘肃、四川、重庆等地栽培较多。喜光、不耐阴,尤其适宜于温暖湿润及土层深厚肥沃的壤土中生长。耐旱,稍耐寒、不耐水涝,抗病能力强,隐芽寿命长,可耐强修剪。

【**繁殖栽培**】花椒可播种、嫁接、扦插和分株等法繁殖。

【**园林应用**】花椒叶色亮绿,秋果累累,是川渝地区火锅的重要佐料之一。花椒枝叶有刺,园林中可用作刺篱培育,也可用于营造生态林,兼具较高的经济价值。

图 6.107　花椒

图 6.108　花椒

2)九里香属 *Murraya*

九里香 *Murraya exotica* Linn. Mant.

【**别名**】七里香、千里香、过山香。

【**形态特征**】常绿小灌木,树高 1～2 m,枝淡黄灰色。叶有小叶 3～7 枚,小叶倒卵形或倒卵状椭圆形、全缘,两侧常不对称,长 1～6 cm,宽 0.5～3 cm,先端圆或钝,有时微凹。花序常顶生,聚伞花序。花白色、芳香。果橙黄至朱红色,阔卵形或椭圆形,径约 1 cm。花期 4—8 月,也有秋后开花,果期 9—12 月。

【**分布习性**】九里香产于我国华南、东南各地,现我国南方地区常见栽培。喜温暖湿润气候,不耐寒。阳性树种,宜植于阳光充足、空气流通及疏松、肥沃且排水良好的砂质壤土之中。

【**繁殖栽培**】九里香扦插繁殖、压条或嫁接等方法繁殖均可。扦插在春季萌芽前后用硬枝或开花前后用半硬枝扦插均可;压条多于生长季节选取健壮枝条进行;嫁接主要针对优良品种的繁殖,芽接、劈接均可。

【**园林应用**】九里香树姿秀雅,枝干苍劲,四季常青,花香怡人,可点缀草地、配植庭院以及制作盆景等。

图 6.109　九里香

图 6.110　九里香

3）柑橘属 Citrus

（1）枳 Citrus trifoliata Linn.

【别名】枸橘、枳壳。

【形态特征】常绿小灌木，高 1～5 m，树冠伞形或圆头形。枝绿色，嫩枝扁，有纵棱，刺长 1～4 cm，刺尖干枯状，红褐色，基部扁平。叶柄有狭长的翼叶，通常有 3 小叶，极少 4～5 小叶，叶缘有细钝裂齿或全缘，嫩叶中脉被短毛。花白色，单朵或成对腋生，多数先叶开放，偶见先叶后花者。果近圆球形或梨形，大小不一，通常纵径 3～5 cm，横径 3.5～6 cm，果顶微凹，有环圈，果皮暗黄色，粗糙。花期 5—6 月，果期 10—11 月。

【分布习性】枳产于我国中部，现我国华南、华北、华东、西南等地诸省均有栽培。喜温暖湿润气候，稍耐阴、较耐寒、较耐旱。适应能力强，对土壤不苛求，尤喜生于疏松、肥沃、土层深厚的微酸性土壤。萌芽力强，耐修剪。

【繁殖栽培】枳以播种繁殖为主，也可扦插繁殖。播种多于春季进行，耐粗放管理。

【园林应用】枳枝条绿色而多刺，春季白花满树，秋季黄果累累，可观花观叶赏果。在园林中多栽作绿篱或作屏障树，有较好的防护作用和观赏效果。

图 6.111　枳

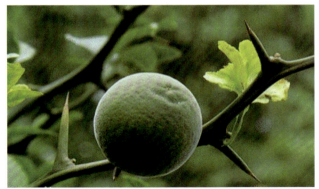
图 6.112　枳

（2）金柑 Citrus japonica Thunb.

【别名】金橘、罗浮、金枣、公孙橘。

【形态特征】常绿灌木，树高 3 m 以内，实生苗多有刺，园艺栽培者刺退化。叶浓绿，卵状披针形或长椭圆形，长 5～11 cm，宽 2～4 cm，顶端略尖或钝。花白色，单花或 2～3 朵簇生，花梗长 3～5 mm。果卵状椭圆形，长 2～3.5 cm，橙黄至橙红色，果皮味甜，油胞常稍凸起，果肉味酸，有种子 2～5 枚。种子卵形，端尖，子叶及胚均绿色。花期 3—5 月，果期 10—12 月，温暖地带全年花开不绝。

【分布习性】金柑在我国华南、东南等地广泛栽种。性喜温暖湿润气候，较耐干旱、不耐寒。对土壤要求不严格，但喜生于疏松、肥沃、土层深厚之微酸性土壤。

【繁殖栽培】金柑以扦插、嫁接或播种繁殖为主。嫁接多用芽接方式，以香橼作砧木。

【园林应用】金柑枝繁叶茂，白花如玉，果熟时节硕果累累，是优秀的观花观果树种。园林中多以盆栽为主，尤其是将果熟期调节至春节前后，深受市场欢迎。

图 6.113　金柑

图 6.114　金柑

6.26　五加科 Araliaceae

1）八角金盘属 *Fatsia*

八角金盘 *Fatsia japonica*（Thunb.）Decne. et Planch.

【别名】八角金、八手、手树。

【形态特征】常绿灌木，高可达 5 m，常丛生。茎光滑无刺，髓心白而大。掌状叶，直径 12 ~ 30 cm，7 ~ 9 深裂，裂片长椭圆状卵形，先端短渐尖，边缘有粗锯齿。叶柄长 10 ~ 30 cm。圆锥花序顶生，黄白色。果近球形，径约 8 mm，熟时紫黑色。花期 10—11 月，果熟期翌年 4 月。

【分布习性】八角金盘原产于日本南部，现我国南北均有栽培。喜湿暖湿润气候，稍耐阴、不耐干旱，稍耐寒，适生于排水良好和湿润的砂质壤土中。对有毒有害气体抗性较强。

【繁殖栽培】八角金盘可扦插、播种或分株繁殖。扦插繁殖可在春季、秋季进行硬枝扦插、夏季进行嫩枝扦插。播种以春播为主。分株多在春季萌芽前，挖取成苗根部萌蘖苗，带土移栽。

【园林应用】八角金盘四季常青，叶形优美，宜配植于庭院、门旁、窗边、墙隅、溪边、草地等处，也可盆栽观叶。

图 6.115　八角金盘

图 6.116　八角金盘

2）鹅掌柴属 *Heptapleurum*

鹅掌藤 *Schefflera arboricola* Hay.

【别名】鹅掌柴、鸭脚木。

【形态特征】常绿灌木,树皮灰色,小枝粗壮,幼时被毛,后渐脱落。掌状复叶互生,总叶柄长 10 ～ 25 cm,小叶 6 ～ 10 枚,革质,椭圆形至椭圆状披针形,全缘。花白色,有香气。果球形,径约 5 mm,熟时紫黑色。花期 11—12 月,果期 12 月—次年 1 月。

【分布习性】我国华东、华南及西南各地有分布。喜暖热湿润气候,喜光,适生于肥沃、疏松的微酸性土壤,也耐瘠薄土地。

【繁殖栽培】鹅掌藤以扦插、播种、压条繁殖等。扦插繁殖可在夏秋季剪取一年生顶端枝条进行,月余即可生根。播种繁殖宜春播,发芽适温 20 ～ 25 ℃,保持土壤湿润,播后 15 ～ 20 天即可发芽。

【园林应用】鹅掌藤树形优美、四季常青,是优美的观叶植物,可丛植、群植道旁、草地等处,也可盆栽布置室内。

图 6.117　鹅掌藤　　　　　　　　图 6.118　花叶鹅掌藤

6.27　夹竹桃科 Apocynaceae

1）夹竹桃属 *Nerium*

夹竹桃 *Nerium oleander* Linn.

【别名】绮丽、半年红、甲子桃。

【形态特征】常绿大灌木,高可达 5 m,枝条灰绿色,含水液。叶 3 ～ 4 枚轮生,下部为对生,窄披针形,长 11 ～ 15 cm,宽 2 ～ 2.5 cm,叶色深绿,无毛,叶背浅绿色。聚伞花序顶生,芳香、深红或粉红色,亦有白色品种。蓇葖果长圆形,长 10 ～ 23 cm,直径 1 ～ 2 cm。全年可开花,夏秋尤盛。

【分布习性】夹竹桃原产伊朗、印度、尼泊尔等地,我国南北均有栽培,常见应用有栽培变种白花夹竹桃（'Paihua'）。喜光,喜温暖湿润气候,不耐寒,忌水渍。适生于排水良好、疏松肥沃的中性至微酸性土壤,抗有毒有害气体能力强。

【繁殖栽培】夹竹桃扦插繁殖为主,也可分株或压条繁殖。

【园林应用】夹竹桃树姿优美,花繁叶茂,可配植水滨、湖畔、庭院、墙隅等地,也可用作行道树等。

图6.119　夹竹桃

图6.120　白花夹竹桃

2)黄花夹竹桃属 *Thevetia*

黄花夹竹桃 *Thevetia peruviana*（Pers.）K. Schum.

黄花夹竹桃

6.28　茄科 Solanaceae

1)夜香树属 *Cestrum*

夜香树 *Cestrum nocturnum* Linn.

【别名】洋素馨、夜丁香、木本夜来香。

【形态特征】常绿直立或近攀援状灌木,高2～3 m,全体无毛。枝条细长而下垂,有棱。叶有短柄,卵状披针形或长圆状披针形,长6～15 cm,宽2～5 cm,全缘。花绿白色至黄绿色,昼闭夜合,呈聚伞花序,腋生或顶生,浓香。浆果长圆状,长6～7 mm,径约4 mm。花果期6—12月。

【分布习性】夜香树原产南美洲,我国南北各地均有栽培。喜温暖湿润及阳光充足环境,稍耐阴,不耐严寒,适生于疏松、透气、排水良好的肥沃土壤。萌芽力强,耐修剪。最好在5 ℃以上越冬。不择土壤。

【繁殖栽培】夜香树以扦插繁殖为主,宜在5—6月剪取节间较短、枝叶粗壮、芽饱满的枝条作插穗。

【园林应用】夜香树枝繁叶茂、花期绵长且香气浓郁,亦能趋避蚊虫。园林中适宜庭院、窗前、墙沿、草坪等处配植,也可用作切花。

图6.123　夜香树　　　　　　　　　　　　图6.124　夜香树

2) 鸳鸯茉莉属 *Brunfelsia*

鸳鸯茉莉 *Brunfelsia brasiliensis*（Spreng.）L. B. Smith et Downs

【别名】二色茉莉。

【形态特征】常绿灌木,株高1~2 m。分枝力强,小枝褐色。单叶互生,长椭圆形,先端渐尖,具短柄。叶长4~7 cm,全缘或略波状。花单朵或数朵簇生,有香气。花冠漏斗状、五裂,初开时蓝紫色,后渐成白色。花期4—10月,果期秋季。

【分布习性】鸳鸯茉莉原产美洲热带地区,现我国各地公园常有栽培。喜温暖、湿润和光照充足的气候条件,不耐涝、不耐寒,喜半阴,对土壤要求不严,唯忌盐碱地。

【繁殖栽培】鸳鸯茉莉以扦插繁殖为主,夏季软枝扦插、春秋季硬枝扦插均可。也可播种繁殖、分株或压条繁殖。

【园林应用】鸳鸯茉莉树姿优美,花色艳丽且具芳香,可以配植于庭院、公园、路旁等处,也可盆栽布置室内。

图6.125　鸳鸯茉莉　　　　　　　　　　图6.126　鸳鸯茉莉

6.29　马鞭草科 Verbenaceae

1）马缨丹属 Lantana

马缨丹 Lantana camara Linn.

【别名】五色梅、七变花。

【形态特征】常绿直立蔓生灌木，高 1 ~ 2 m，茎枝四棱形，有短柔毛及倒钩状皮刺。单叶对生，卵形或卵状长圆形，先端渐尖，基部圆形，两面粗糙有毛，揉烂有强烈的气味。头状花序腋生或顶生，径约 2 cm，总花梗长。花冠颜色多变，初时黄色、橙黄色，后渐变为粉红至深红色。果球形，熟时紫黑色。花期 5—10 月，华南可全年开花。

【分布习性】马缨丹产美洲热带，我国各地公园习见有栽培。喜光，喜温暖湿润气候，不耐严寒。适应性强，耐干旱瘠薄，在疏松肥沃排水良好的壤土中生长较好。园艺品种多，常见有蔓五色梅（L. montevidensis）、白五色梅（'Nivea'）、黄五色梅（'Hybrida'）等。

【繁殖栽培】马缨丹以播种、扦插繁殖。花后偶有果实，可取种繁殖。扦插繁殖生长季节均可进行，成活率较高。

【园林应用】马缨丹绿树繁花，常年艳丽，可植于公园、庭院中做花篱、花丛、地被等，也可盆栽布置室内、摆设花坛等。马缨丹是入侵植物之一，园林中要合理应用，限制其生长范围。

图 6.127　马缨丹　　　　　　　　　　图 6.128　马缨丹

2）假连翘属 Duranta

假连翘 Duranta erecta Linn.

【形态特征】常绿灌木，植株高 1 ~ 3 m。枝细长，常下垂或平展，有刺或无刺。叶对生，稀为轮生，纸质，卵状椭圆形或倒卵状披针形，长 2 ~ 6.5 cm，宽 1.5 ~ 3.5 cm，先端短尖或钝，全缘或中部以上有锯齿。总状花序顶生或腋生，常排成圆锥状，花冠蓝色或淡蓝紫色，核果近球形，有光泽，熟时红黄色。花果期 5—10 月。

【分布习性】假连翘原产中南美洲热带，我国南北均有。常见应用尚有栽培变种（'Variegata'）。

喜光及温暖湿润气候,抗寒力较差,能耐半阴。对土壤适应性较强,但较喜肥嫌瘦。性极强健,萌蘖能力强,很耐修剪。

【繁殖栽培】假连翘扦插繁殖极易成活,春季或梅雨季进行,2 周左右即可生根。播种繁殖可于果实成熟变黄后采收,洗净晾干后随即播种,2~3 周即可发芽。

【园林应用】假连翘树姿优美、生长旺盛,花色美丽,是极好的绿篱、花境及地被植物,也可盆栽观赏或作桩景。

图 6.129　假连翘

图 6.130　花叶假连翘

6.30　木樨科 Oleaceae

1)连翘属 *Forsythia*

(1)金钟花 *Forsythia viridissima* Lindl.

【别名】狭叶连翘、黄金条。

【形态特征】落叶灌木,高可达 3 m。小枝黄绿色,四棱形,皮孔明显,具片状髓。叶长椭圆形至披针形,不裂,长 5~15 cm,先端尖,基部楔形,通常上半部具不规则锯齿,稀近全缘。叶柄长 6~12 mm。花黄色,1~3 朵簇生,先叶开放。果卵圆形,长约 1.5 cm。花期 3—4 月,果期 6—8 月。

【分布习性】金钟花原产我国及朝鲜,现华中、西南各地有分布。喜光,稍耐阴,耐寒、耐干旱瘠薄,怕积水。对土壤要求不严,抗病虫能力强。

【繁殖栽培】金钟花播种、扦插、压条或分株繁殖均可。

【园林应用】金钟花先花后叶,金黄灿烂,美丽可爱,可丛植于庭院、草坪、墙隅、路边、林缘等处,也可用作花篱。

(2)连翘 *Forsythia suspensa*(Thunb.)Vahl

　　连翘与金钟花甚相似,主要区别在于枝黄褐色,皮孔明显。小枝髓部中空,浅黄色。叶卵形,两型,单叶或三出复叶。多分布于我国西北、华北地区。

图6.131　金钟花

图6.132　连翘

2）丁香属 *Syringa*

紫丁香 *Syringa oblata* Lindl.

【别名】华北紫丁香、丁香、紫丁白。

【形态特征】灌木或小乔木，高可达 5 m。树皮灰褐色，小枝较粗，疏生皮孔，无毛。叶宽卵形至肾形，宽常大于长，宽 5~10 cm，正面深绿色，背面淡绿色。全缘，两面无毛。圆锥花序长 6~15 cm，花冠堇紫色。果长圆形，顶端尖，平滑。花期 4—5 月，果期 6—10 月。

【分布习性】紫丁香分布于我国东北、华北、西北及西南等地。喜光，稍耐阴，耐寒能力强。耐干旱，忌水湿。喜肥沃、排水良好的土壤。有白丁香（var. *alba* Rehd）等变种。

【繁殖栽培】紫丁香以播种、扦插繁殖为主，也可分株、压条繁殖等。播种繁殖宜提前砂藏层积处理 1~2 个月，于春、秋两季进行，条件合适，2~3 周可出苗。扦插繁殖可于花后 1 个月取当年生嫩枝作插穗，也可早春硬枝扦插。

【园林应用】紫丁香枝叶茂密，花香袭人，可配植庭院、公园、工矿厂区等处，也可盆栽观赏。

图6.133　紫丁香

图6.134　紫丁香

3）女贞属 *Ligustrum*

（1）小蜡 *Ligustrum sinense* Lour.

【形态特征】半常绿灌木或小乔木，高 2~7 m。小枝圆柱形，幼时密被短柔毛。叶纸质或薄革质,椭圆状卵形,长3~5 cm,宽1~3 cm,先端锐尖或钝,疏被短柔毛或无毛。圆锥花序顶生或腋生,白色,芳香。核果近球形。花期4—6月,果期8—10月。

【分布习性】小蜡分布于我国长江流域及以南各地。喜光,稍耐阴,较耐寒。萌芽力强,耐修剪,能抵抗多种有毒有害气体。

【繁殖栽培】播种、扦插繁殖。尤其软枝扦插成活率高,生产中尤为常用。

【园林应用】小蜡枝叶茂密,耐修剪,可配植于庭院、公园、工矿厂区等处作绿篱或造型树种,也可制作盆景。

图6.135 小蜡

图6.136 小蜡

(2)小叶女贞 *Ligustrum quihoui* Carr.

【别名】小叶冬青,小白蜡、小叶水蜡树。

【形态特征】落叶或半常绿灌木,高1~3 m。小枝淡棕色,圆柱形,有柔毛。叶薄革质,椭圆形至倒卵状长圆形长1~5 cm,宽0.5~3 cm,无毛,先端钝,全缘,边缘略向外反卷。叶柄有短柔毛。圆锥花序长7~21 cm,花白色,芳香,无梗。核果宽椭圆形,紫黑色。花期5—7月,果期8—11月。

小叶女贞主要分布于我国中部、东部和西南部各省区,其生态习性、繁殖栽培及园林应用与小蜡基本相同。

图6.137 小叶女贞

图6.138 小叶女贞

4）素馨属 *Jasminum*

茉莉花 *Jasminum sambac*（Linn.）Aition

【别名】茉莉、抹厉。

【形态特征】常绿灌木，株高 0.5～3 m。小枝纤细，有棱角，嫩枝有柔毛。单叶对生，薄纸质，椭圆形至宽卵形，长 4～8 cm，先端急尖或钝圆，基部圆形，全缘。聚伞花序，花白色，浓香，多不结实。花期 5—11 月，夏季尤盛。

【分布习性】茉莉花原产印度及中东各地，我国南方广泛栽培。喜光、稍耐阴，喜温暖湿润气候，不耐寒、不耐寒，也怕积水。适生于肥沃、疏松的微酸性砂质壤土。

【繁殖栽培】茉莉花扦插、压条或分株繁殖均可。扦插繁殖需气温不低于 20 ℃时进行，2 周左右可生根，可结合春季修剪进行。分株繁殖可结合春秋换盆时，带根分栽即可。

【园林应用】茉莉花枝叶繁茂，叶色翠绿，花色洁白，香味浓郁，尤其适宜配植庭园、点缀草坪以及盆栽布置室内观赏。

图 6.139　茉莉花

图 6.140　茉莉花

6.31　茜草科 Rubiaceae

1）栀子属 *Gardenia*

栀子 *Gardenia jasminoides* Ellis

【别名】黄栀、山栀子。

【形态特征】常绿灌木，株高 0.3～3 m，小枝绿色。叶对生，革质，宽披针形至倒卵状长圆形，先端和基部钝尖，全缘，正面叶色亮绿有光泽，背面叶色较暗。花大，白色，极芳香，顶生或腋生，有短梗。果实卵形，有纵棱 5～8 条。花期 5—7 月，果期 9—11 月。

【分布习性】栀子分布于我国南部和中部，现在国内栽培较广泛。性喜温暖湿润气候，好阳光但又不能经受强烈阳光照射，耐阴而不耐寒。适宜生长在疏松、肥沃、排水良好、轻黏性酸性土壤，抗有害气体能力强。萌芽力强，耐修剪。常见栽培类型有大花栀子［f. *grandiflora*（Lour.）Makino］和雀舌栀子［var. *radicans*（Thunb.）Makino］等。

【繁殖栽培】栀子以扦插繁殖为主,也可压条、播种或分株繁殖。扦插繁殖春夏秋皆可进行,但以夏秋之间扦插成活率最高,也可水插。播种繁殖多在春季进行,其种子发芽缓慢出苗周期甚长。

【园林应用】栀子枝叶茂密,花色洁白,香气浓郁,可用作绿篱、地被,或点缀草坪、配植于庭院、道旁、门侧等处,也可盆栽或制作盆景以及切花观赏等。

图6.141 栀子

图6.142 栀子

2)白马骨属 *Serissa*

六月雪 *Serissa japonica*(Thunb.)Thunb. Nov. Gen.

【别名】满天星、白马骨、路边荆。

【形态特征】常绿小灌木,株高60~90 cm,嫩枝有毛。叶对生或簇生于小枝上,长椭圆形或长椭圆状披针形,长6~15 mm,全缘。花单生或数朵丛生于小枝顶部或腋生,白色,单瓣重瓣均有。核果球形。花期5—7月,果期6—8月。

【分布习性】六月雪主产于我国长江流域及以南各省区,现各地广泛栽培。喜温暖气候,耐旱、不甚耐寒。喜排水良好、肥沃和湿润疏松的土壤,萌芽力强。

【繁殖栽培】六月雪以扦插、分株繁殖为主。扦插繁殖全年均可进行,以春季2—3月硬枝扦插和夏季6—7月嫩枝扦插成活率最高。

【园林应用】六月雪枝叶密集,小白花犹如雪花满树,雅洁可爱,既可用于配植花坛、花境,也可用作绿地、地被等,还是制作盆景的优良素材。

图6.143 六月雪

图6.144 六月雪

6.32 五福花科 Adoxaceae

荚蒾属 *Viburnum*

珊瑚树 *Viburnum Odoratissimum* Ker. -Gawl.

【别名】法国冬青、日本珊瑚树。

【形态特征】常绿灌木或小乔木,高 2～10 m。树皮光滑,枝灰色、无毛,有凸起的小瘤状皮孔。叶革质,椭圆形至倒卵形,长 7～15 cm,全缘或中上部有不规则浅波状锯齿,叶正面深绿色有光泽,背面浅绿色。圆锥花序顶生,花白色、芳香。核果倒卵形,先红后黑。花期 5—6 月,果熟期 8—10 月。

【分布习性】珊瑚树产于我国东南沿海,长江流域及以南各地广泛栽培。喜温暖、稍耐寒,喜光,稍耐阴。适生于潮湿、肥沃的中性至微酸性土壤。根系发达、萌芽性强,耐修剪,对有毒气体抗性和适应能力强。

【繁殖栽培】以扦插、压条繁殖为主。扦插繁殖以春、秋两季为好。播种繁殖多于秋季采种后即播或砂藏至翌年春播,播后 30～40 天发芽。

【园林应用】珊瑚树枝繁叶茂,叶色浓绿、花果观赏价值高,适宜用作绿墙、绿篱等,也可孤植、丛植点缀绿地以及用于营造防火林带等。

图 6.145 珊瑚树

图 6.146 珊瑚树

6.33 忍冬科 Caprifoliaceae

1)糯米条属 *Abelia*

大花糯米条 *Abelia × grandiflora*(André)Rehd.

【别名】大花六道木。

【形态特征】半常绿灌木,高可达 2 m,幼枝红褐色,有短柔毛,叶卵形至卵状椭圆形,长 2～4 cm,

叶缘疏生锯齿,正面暗绿而有光泽,花冠白色或略带红晕,钟形,长约2 cm,花萼粉红色。7月至晚秋不断开花。

【分布习性】我国华中、华东、华南及西南有栽培。耐旱、耐寒、稍耐阴,根系发达,生长快、耐修剪,适应能力强。

【繁殖栽培】大花糯米条种子较难获取,故多扦插繁殖,扦插繁殖春、夏、秋季均可,早春、秋季可用成熟枝条作插穗,夏季多用半成熟枝或嫩枝作插穗。

【园林应用】大花糯米条植株低矮,花多而美丽,适宜丛植草坪、林缘或建筑物前后,也可用于绿篱或片植作地被、制作盆景等。

图6.147　大花糯米条

图6.148　大花糯米条

2）锦带花属 *Weigela*

锦带花 *Weigela florida*（Bunge）A. DC.

【别名】海仙花、五色海棠。

【形态特征】落叶灌木,株高1~3 m。树皮灰色,枝条开展,小枝细弱,幼枝稍四棱形。叶椭圆形至倒卵状椭圆形,长5~10 cm,先端锐尖,基部楔形至圆形,叶缘有细锯齿,两面柔毛。1~4朵花单生或成聚伞花序。花冠漏斗状钟形,紫红色或玫瑰红色,长3~4 cm,径约2 cm。花期4—6月。

【分布习性】锦带花分布于我国东北、华北、西北及华中等地,各地广泛栽培。喜光、耐阴、耐寒,怕积水。对土壤要求不严,能耐瘠薄土地,但以深厚、湿润而腐殖质丰富的土壤生长最好。萌芽力强,生长迅速,抗污染能力强。

【繁殖栽培】锦带花常采用扦插、播种或压条繁殖。播种繁殖宜春季进行,直播或播前1周,用冷水浸种2~3小时,捞出后用湿布包裹催芽。扦插繁殖于早春剪取1~2年生未萌动的枝条作插穗。

【园林应用】锦带花枝叶茂密,花色艳丽,花期绵长,适宜配植庭院、墙隅、湖畔,点缀假山、斜坡等处,丛植、群植均可。

图 6.149   锦带花

图 6.150   锦带花

6.34   天门冬科 Asparagaceae

1）丝兰属 *Yucca*

（1）凤尾丝兰 *Yucca gloriosa* Linn.

【别名】凤尾兰、菠萝花、剑麻。

【形态特征】常绿灌木,茎明显,有时分枝,有近环状叶痕。叶剑形,质厚而坚挺,长 40~80 cm,宽 4~6 cm,先端有刺尖,边缘幼时具少数细齿,老时全缘。叶近莲座状排列于茎或分枝的近顶端。大型圆锥花序从叶丛中抽出,高可达 2 m。花大,近钟形、下垂,白色或稍带淡黄色,有香气。蒴果倒卵状长圆形。花期 9—11 月,我国多数地区不结实。

【分布习性】凤尾丝兰原产北美洲,我国长江流域及以南各省区常见栽培。喜温暖湿润和阳光充足环境,也能耐阴、耐旱,也较耐水湿,略耐寒,对土壤要求不严。

【繁殖栽培】凤尾丝兰以分株、扦插或播种繁殖为主。分株繁殖可于早春根蘖芽露出地面时带根分栽。扦插可在春季或初夏挖取茎干,去除叶片,剪成 10 cm 茎段进行扦插。

【园林应用】凤尾丝兰叶色终年浓绿,花叶皆美,树态奇特,可植于花坛中央、建筑前、草坪中、池畔等处,丛植、列植均可。

（2）细叶丝兰 *Yucca flaccida* Haw.

【别名】丝兰、毛边丝兰、荷兰铁树。

【形态特征】本种与凤尾兰甚相似,主要区别在于茎很短或不明显,叶莲座状基生,叶较狭,边缘有许多稍弯曲的丝状纤维。

　　细叶丝兰的分布习性、繁殖栽培及园林应用与凤尾丝兰基本相同。

图 6.151　凤尾丝兰

图 6.152　细叶丝兰

2）龙血树属 *Dracaena*

金边富贵竹 *Dracaena sanderiana* Sander

【**别名**】仙达龙血树、镶边竹蕉。

【**形态特征**】常绿直立灌木,株高 1～2 m,茎细长,常不分枝。无根状茎。叶椭圆状长披针形,薄革质,较柔软,长 10～22 cm,宽 2～3 cm,绿色,叶缘有金黄色阔边带,先端长渐尖,叶柄鞘状抱茎。

【**分布习性**】金边富贵竹原产非洲,我国有引种。喜高温多湿环境,不耐严寒,怕烈日暴晒、耐阴能力强。对土壤要求不严,以疏松肥沃的砂质壤土较为适宜。根系发达,耐修剪。常见栽培园艺品种有富贵竹('Virescens')、银边富贵竹('Margaret')等。

【**繁殖栽培**】金边富贵竹扦插繁殖极为容易,只要气温适宜全年均可进行,30 天左右即可生根。

【**园林应用**】金边富贵竹茎叶纤秀,柔美优雅,极富竹韵,尤其适宜家庭瓶插或盆栽布置室内观赏。

图 6.153　金边富贵竹

图 6.154　富贵竹

3）朱蕉属 *Cordyline*

朱蕉 *Cordyline fruticosa*（Linn）A. Chevalier

【**别名**】铁树、红叶铁树。

【形态特征】常绿灌木,直立,高 1 ~ 3 m。茎粗 1 ~ 3 cm,有时具分枝。叶聚生于茎或枝的上端,长圆形至长圆状披针形,长 25 ~ 50 cm,宽 5 ~ 10 cm,先端渐尖。绿色或紫红色,叶柄有槽,基部变宽,抱茎。圆锥花序腋生,长 30 ~ 60 cm。花淡红、青紫至黄色,长约 1 cm。浆果球形,红色。花期 11 月至次年 3 月。

【分布习性】我国南方各地常见栽培。性喜高温多湿气候,喜光,也耐阴,怕烈日暴晒,较耐寒。适生于富含腐殖质和排水良好的砂质壤土,碱性土壤中生长发育不良。变种和园艺品种很多。

【繁殖栽培】朱蕉以扦插繁殖为主,于夏季剪取枝顶带有生长点的部分作插穗,去掉下部叶片,插入生根基质中,约 30 天即可生根。

【园林应用】朱蕉株型美观,色彩华丽高雅,可配植庭院,布置花坛、花境等,也是盆栽用于室内装饰的优良素材。

图 6.155　朱蕉

图 6.156　朱蕉

6.35　芍药科 Paeoniaceae

芍药属 *Paeonia*

牡丹 *Paeonia × suffruticosa* Andr.

【别名】洛阳花、富贵花。

【形态特征】落叶灌木,植株高可达 2 m。分枝多而粗壮。二回羽状复叶,小叶长 4.5 ~ 8 cm,宽卵形至卵状长椭圆形,先端 3 ~ 5 裂,基部全缘,背面有白粉。花单生枝顶,直径 10 ~ 30 cm,花型多样、花色丰富玫瑰色、红紫色、粉红色、白色、浅绿色都有。蓇葖果长圆形,密生黄褐色硬毛。花期 4—5 月,果期 8—9 月。

【分布习性】牡丹原产我国中部、西部,现各地常见栽培。性喜温暖、凉爽以及干燥气候。喜阳光,也耐半阴,怕烈日暴晒,较耐寒。适宜在疏松、深厚、肥沃、地势高燥、排水良好的中性壤土中生长。肉质根、怕积水。寿命长达百年以上。

【繁殖栽培】牡丹常行分株繁殖,也可扦插、嫁接或播种繁殖。分株繁殖多于秋季霜降前将生长繁茂的大株牡丹整株掘起,从根系纹理交接处切开成数丛,另行栽植即可。

【园林应用】牡丹位居我国十大传统名花之首,其花大色艳,有国色天香、花中之王的美誉和富贵吉祥的寓意,备受百姓喜爱。园林中可营造牡丹专类园,孤植、丛植庭院、公园等处,也可盆栽居家观赏。

图 6.157　牡丹　　　　　　　　　　　图 6.158　牡丹

6.36　丝缨花科 Garryaceae

桃叶珊瑚属 *Aucuba*

花叶青木 *Aucuba japonica* var. *variegata*

【**别名**】洒金珊瑚、洒金日本珊瑚、洒金东瀛珊瑚、洒金桃叶珊瑚。

【**形态特征**】常绿灌木,高 1 ~ 2 m。小枝粗壮,绿色,光滑。叶薄革质或革质,卵状椭圆形或阔椭圆形,长 5 ~ 15 cm,宽 3 ~ 6 cm,先端尾状渐尖,边缘微反卷。叶散生有大小不等黄色或淡黄色斑点,叶缘中上部有粗锯齿。圆锥花序顶生,紫红色,果卵形,幼时绿色,熟时鲜红。花期 3—4 月,果熟期 11 月—翌年 4 月。

【**分布习性**】花叶青木原产我国台湾及日本,现在各地广泛栽培。喜温暖湿润环境,耐阴性强,不耐寒,喜肥沃湿润、排水良好的土壤。忌强光暴晒,不甚耐寒。耐修剪,抗污染能力强。

【**繁殖栽培**】扦插繁殖。

【**园林应用**】花叶青木枝繁叶茂,叶斑驳可爱,适宜配植庭院、墙隅、池畔等处,也可盆栽观赏,切枝用作插花等。

图 6.159　花叶青木　　　　　　　　图 6.160　花叶青木

6.37　瑞香科 Thymelaeaceae

1）瑞香属 *Daphne*

瑞香 *Daphne odora* Thunb.

【别名】睡香、千里香、金边瑞香。

【形态特征】常绿直立灌木,高 1~2 m。枝细长光滑,丛生。叶互生,纸质,长椭圆形至倒披针形,长 5~8 cm,全缘,质厚。叶正面绿色,有光泽。花淡紫红色或白色,有浓香。核果肉质、圆球形、红色。花期 3—5 月,果期 7—8 月。

【分布习性】瑞香产于我国西南、华东等地。性喜半阴和通风环境,惧暴晒,不耐寒,忌积水。喜肥沃和湿润而排水良好的微酸性壤土,萌发力强,耐修剪。

【繁殖栽培】瑞香以扦插繁殖为主,春夏秋季均可进行。也可压条、嫁接繁殖等。

【园林应用】瑞香枝干丛生,姿态优美,香气浓郁,适合植于林间空地、林缘道旁,或与山石相配,也可盆栽置于室内观赏。

图 6.161　瑞香

图 6.162　瑞香

2）结香属 *Edgeworthia*

结香 *Edgeworthia chrysantha* Lindl.

【别名】打结树、黄瑞香。

【形态特征】落叶灌木,小枝粗壮,褐色,幼枝常被短柔毛,韧皮极坚韧,有皮孔。叶纸质,被柔毛,倒披针形或长圆形,长 8~20 cm,宽 2~6 cm,先端急尖,全缘。头状花序顶生或腋生,黄色,呈绒球状,有香气。花期冬末春初,果期 7—8 月。

【分布习性】结香产于我国长江以南各地。喜生于阴湿肥沃地。性喜半阴环境,也耐日晒。喜温暖气候和排水良好、肥沃的砂质壤土。根肉质,怕积水。

【繁殖栽培】结香根颈易生萌蘖,分株、扦插繁殖均易成活。分株繁殖可结合翻盆换土时进行,带根切下母株根部子株另栽即可。扦插繁殖春夏均可进行,6~7 周生根。

【园林应用】结香树姿清雅、枝叶美丽、花香宜人、枝条柔软可结而不断,适宜庭园栽种,丛植、群植均可,也可盆栽造型等。

图6.163　结香　　　　　　　　　　　　图6.164　结香

6.38　桃金娘科 Myrtaceae

白千层属 *Melaleuca*

溪畔白千层 *Melaleuca bracteata* F. Muell.

【别名】千层金、金叶白千层、黄金串钱柳、黄金香柳、金叶串钱柳、羽状茶树。

【形态特征】常绿灌木或小乔木,树冠圆锥形。主干直立,枝条密集、细长柔软,嫩枝红色,韧性好,抗风力强。叶细小,四季金黄,经冬不凋,有香气。

【分布习性】溪畔白千层原产新西兰、荷兰等,我国长江流域及以南各地有栽培。喜光,适应能力强,对土壤要求不严。深耕细,抗旱耐涝、耐盐碱,较耐寒。生长快、耐修剪。

【繁殖栽培】扦插繁殖较为常用,尤其适宜夏季软枝扦插。也可高空压条繁殖。

【园林应用】溪畔白千层树形优美,小叶金黄,适宜用于庭园、道路绿化,也可用于海岸绿化、防风固沙等。

图6.165　溪畔白千层　　　　　　　　　图6.166　溪畔白千层

6.39　山茱萸科 Cornaceae

山茱萸属 *Cornus*

红瑞木 *Coruns alba* Linn.

【别名】红瑞山茱萸、凉子木。

【形态特征】落叶灌木,高可达3 m。树皮紫红色,小枝血红,近四棱,无毛,常被白粉。叶对生,纸质,椭圆形至卵圆形,长4~8 cm,先端急尖。花小,白色或淡黄白色,核果长圆形,微扁,成熟时乳白色或蓝白色。花期5—7月,果期7—10月。

【分布习性】我国东北、西北、华北各地有分布,西南、华中、华东亦有栽培。喜光、喜温暖湿润的生长环境,但也其耐寒。喜疏松、肥沃微酸性土壤。根系发达,萌蘗性强,耐修剪。

【繁殖栽培】播种、扦插或压条繁殖均可。播种繁殖,应将种子砂藏层积至翌年春播。扦插繁殖宜春季剪取一年生枝条进行。压条繁殖多在夏季进行,生根后翌春与母株割离分栽。

【园林应用】红瑞木枝干红艳如珊瑚,是优秀的观茎植物,园林中多丛植草地、池畔等处,也可用作切花。

图6.167　红瑞木

图6.168　红瑞木

7 藤蔓类

7.1 豆科 Fabaceae

1）紫藤属 *Wisteria*

紫藤 *Wisteria sinensis*（Sims）Sweet

【别名】朱藤、藤萝。

【形态特征】落叶木质藤本,茎皮黄褐色,嫩枝有丝状柔毛。奇数羽状复叶长 15～25 cm,小叶 7～13 枚,卵状披针形或卵状长圆形,托叶线状披针形,早落。小叶柄长 3～4 mm,被柔毛。总状花序生于上年生枝顶端,长 15～30 cm,径 8～10 cm,下垂,紫色或淡紫色,花序轴被黄褐色柔毛。先花后叶。荚果线形至线状倒披针形,长 10～15 cm,宽 1.5～2 cm,密被茸毛,悬垂枝上,有种子 1～5 枚,熟时开裂。种子灰褐色,扁圆形,种皮有花纹。花期 4—5 月,果期 6—10 月。

【分布习性】紫藤原产我国,现华东、华中、华南、西北和西南等地区均有栽培。紫藤对气候和土壤的适应性强,较耐寒,能耐水湿及瘠薄土壤,喜光,较耐阴。对土壤要求不严,最宜土层深厚、疏松肥沃、排水良好之壤土。生长较快,寿命很长,缠绕能力强。常见栽培变型有白花紫藤[f. *alba*（Lindl.）Rehd. et Wils.],与原种区别在于花白色。

【繁殖栽培】紫藤繁殖容易,可用播种、扦插、压条等法繁殖,尤以扦插繁殖为主。扦插时,枝插、根插均可,多于春季进行。

【园林应用】紫藤枝繁叶茂,藤蔓细长,紫穗满垂缀以稀疏嫩叶,十分美丽,自古即是优良的庭园棚架绿化植物。现代园林中多用于垂直绿化,也可植于湖畔、池边、假山、石坊等处,同时也是制作盆景的好素材。

图7.1　紫藤

图7.2　紫藤

2）油麻藤属 *Mucuna*

（1）油麻藤 *Mucuna sempervirens* Hemsl.

【别名】牛马藤、大血藤、常春油麻藤。

【形态特征】常绿木质藤本，茎长可达 10 m，基部茎粗可达 20 cm。羽状 3 出复叶，叶柄长 5.5 ～ 12 cm。小叶革质，全缘，顶生小叶椭圆形，长圆形或卵状椭圆形，长 8 ～ 15 cm，宽 3.5 ～ 6 cm，先端渐尖，侧生小叶基部偏斜，上面深绿、有光泽，下面浅绿色，幼时被柔毛，老时脱落。总状花序生于老茎上，长 10 ～ 36 cm。花紫红色，大而美丽。荚果厚革质，线形，长 30 ～ 60 cm，扁平，被黄锈色毛，有种子 10 ～ 17 枚。种子棕褐色，扁长圆形。花期 4—5 月，果期 9—10 月。

【分布习性】分布于我国东南、华中、华东和西南各地。喜温暖湿润的气候，耐阴、耐旱，适生于湿润、疏松肥沃且排水良好的土壤，野生者常现于略荫蔽之林下、溪畔、沟谷、斜坡等处。

【繁殖栽培】油麻藤以播种繁殖为主，也可扦插、压条繁殖。播种繁殖春、秋季均可进行。扦插可于 3—4 月或 8—9 月选取半木质化嫩枝作插穗。

【园林应用】油麻藤适应能力很强，藤蔓绵长，枝繁叶茂，花朵大而美丽，是我国南方园林中常用的棚架绿化、固岸护坡等垂直绿化的优良树种。

图7.3　油麻藤

图7.4　油麻藤

（2）白花油麻藤 *Mucuna birdwoodiana* Tutch.

白花油麻藤

3）葛属 *Pueraria*

葛 *Pueraria montana*（Loureiro）Merrill

【别名】野葛、野山葛、山葛藤、甘葛。

【形态特征】多年生大藤本，长达10 m以上。块根圆柱状，肥厚，外皮灰黄色，内部粉质，富纤维。藤茎基部粗壮，上部多分枝，小枝密被黄褐色粗毛。羽状3出复叶，叶互生，具长柄，有毛。顶生小叶菱状卵圆形，先端渐尖，边缘有时浅裂。侧生小叶斜卵形。总状花序，腋生，有时分枝。花密集，紫红色，荚果线形，长5～11 cm，扁平，密被黄褐色硬毛。种子赤褐色，扁圆形，长约5 mm，有光泽。花期7—9月，果期9—10月。

【分布习性】葛在我国南北广泛分布，既有野生，也有人工栽培者。葛对气候要求不严，适应能力强，坡地、沟谷、灌木丛中较为常见。对土壤要求不严，生长迅速，蔓延能力极强。

【繁殖栽培】播种、扦插、压条均可繁殖。播种宜春播，扦插可于早春萌发之前进行，压条则于夏季生长季节采取波状压条法进行。此外，葛的繁殖还可于冬季采挖时，切取10 cm左右长的根头，直接栽种。

【园林应用】葛在城市园林中多被视之为有害杂草，较少人工栽培应用。因其适应能力很强，是优良的水土保持、改良土壤的植物之一，尤其适合荒坡、陡坡绿化使用。

图7.5　葛　　　　　　　　　　　图7.6　葛

7.2　桑科 Moraceae

榕属 *Ficus*

（1）薜荔 *Ficus pumila* Linn.

【别名】广东王不留行、木馒头、鬼馒头、冰粉子、凉粉果。

【形态特征】常绿攀援或匍匐灌木，气生根发达。叶两型，营养枝上的叶卵状心形，薄而小，基部稍不对称，无柄。结果枝上的叶卵状椭圆形、大而厚，革质，全缘，背面被短柔毛，网脉甚明显。花序托倒卵形或梨形，单生于叶腋。花期4—5月，瘦果9月成熟。

【分布习性】我国长江流域及以南各地常见分布。喜温暖湿润气候，耐旱、耐阴，对土壤要求不严，适生于富含腐殖质的酸性土壤。

【繁殖栽培】扦插、播种繁殖为主。扦插繁殖春、夏、秋均可进行。播种繁殖可于果实成熟采摘后堆放数日,待果软化后切开置于水中搓洗,并用纱布包扎成团挤捏滤去肉质糊状物,获取的种子阴干贮藏至翌年春播。

【园林应用】薜荔不定根发达,攀援及生存适应能力强,广泛用于垂直绿化,攀援岩石、墙垣、篱笆及枯树等,也可用于护堤固岸。

图7.7　薜荔

图7.8　薜荔

(2)地果 *Ficus tikoua* Bur.

【别名】地瓜藤、地石榴、地枇杷、过江龙、土瓜。

【形态特征】多年生落叶藤本,全株具乳液。茎圆柱形或略扁,棕褐色,分枝多,节略膨大。气生根须状,有较强攀援能力。单叶互生,卵形、卵状长椭圆形或长椭圆形,长3~6 cm,宽2~4 cm,先端钝尖,边缘具波状锯齿,基部圆形或心脏形,正面绿色,具刚毛,背面色较淡,叶脉有毛。叶柄长1~2 cm。隐头花序,花序托扁球形,红褐色,生于匍枝上而半没于土中。

【分布习性】我国华中、华东、西南、西北等地多有分布,野生者甚众,常见于疏林、山坡或田边、路旁等处。喜温暖湿润的环境,耐旱、较耐阴、略耐寒,稍耐水湿。适应能力强,对土壤要求不严,以疏松、肥沃壤土为宜。

【繁殖栽培】地果可扦插、分株繁殖。早春割取匍匐茎、剪切成10~20 cm长茎段扦插,极易成活。

【园林应用】地果适应能力强,耐粗放管理,适宜用作地被以及护坡植物。

图7.9　地果

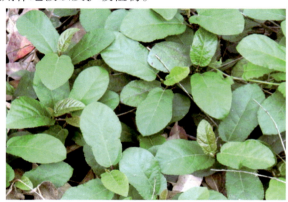

图7.10　地果

7.3 紫茉莉科 Nyctaginaceae

叶子花属 *Bougainvillea*

（1）光叶子花 *Bougainvillea glabra* Choisy

【别名】小叶九重葛、三角梅、勒杜鹃、宝巾。

【形态特征】常绿藤状灌木，蔓条长可达 10 m。枝常下垂，嫩枝微被柔毛。叶互生，有柄，椭圆形或卵形，长 5～13 cm，宽 3～6 cm，先端急尖或渐尖。两面无毛或背面疏被柔毛，全缘。花顶生，通常 3 朵簇簇生于苞片内。苞片 3 枚，叶状，紫色或洋红色，长圆形或椭圆形。瘦果 7～13 mm，无毛。花期冬季至次春。

【分布习性】光叶子花原产巴西，现我国南方多有栽培。阳性植物，喜温暖湿润气候，不耐寒。对土壤要求不严，萌芽力强、耐修剪，忌积水。

【繁殖栽培】扦插、压条繁殖为主。扦插可春秋硬枝扦插，也可夏季软枝扦插。压条繁殖则宜于5—6 月进行，月余生根。

【园林应用】光叶子花枝多叶茂、四季常青，具攀援能力，苞片鲜艳如花，宜可配植庭院、公园等地，孤植、丛植均可，也可盆栽观赏或用于制作盆景等。

（2）叶子花 *Bougainvillea spectabilis* Willd

【别名】毛宝巾。

【形态特征】本种与光叶子花极相似，主要区别在于叶子花枝、叶密被柔毛。叶卵形，长 6～10 cm，宽 4～6 cm 或更大，两面或背面密被柔毛。苞片紫色，瘦果长 11～15 mm，密被柔毛。

　　分布习性、繁殖栽培及园林应用与光叶子花基本相同。

图 7.11　光叶子花　　　　　图 7.12　叶子花

7.4 猕猴桃科 Actinidiaceae

猕猴桃属 *Actinidia*

中华猕猴桃 *Actinidia Chinensis* Planch.

【别名】猕猴桃、奇异果、猴仔梨。

【形态特征】落叶缠绕藤本,小枝幼时密被棕色柔毛,后渐脱落。髓大、白色、片状。叶纸质,圆形至倒卵形,先端凸尖、微凹或平截,叶缘有刺毛状细齿,两面均有柔毛。花白色,后变黄,径3～5 cm。浆果卵形至椭圆形,有棕色柔毛,黄褐色或绿色。花期5—6月,果熟期为8—10月。

【分布习性】中华猕猴桃产于我国长江流域及以南各地。喜光、略耐阴。喜温暖气候,有一定耐寒能力。适生于疏松、肥沃、湿润而排水良好的土壤。

【繁殖栽培】扦插、播种、嫁接及压条繁殖均可。嫩枝扦插多在6—9月进行,硬枝扦插则在落叶后或萌芽前进行。播种繁殖以春播为主,播前浸种后拌沙贮藏,待芽嘴冒出后立即拌沙播种。嫁接可行根皮接、芽接、切接等。

【园林应用】中华猕猴桃花大美丽有香气,果实食用价值高,是良好的棚架绿化材料,可配植庭院、公园等地。

图7.13　猕猴桃　　　　　　　　　　图7.14　猕猴桃

7.5　使君子科 Combretaceae

风车子属 *Combretum*

使君子 *Combretum indicum*（Linn.）Jongkind

【别名】四君子、史君子、西蜀使君子、病柑子。

【形态特征】落叶攀援状藤木,蔓长2～8 m。小枝及幼叶有柔毛。叶对生或近对生,卵形或椭圆形,长5～11 cm,宽2～5 cm,先端短渐尖,基部钝圆,背面疏被柔毛,叶脱落后柄下端呈硬刺状残留于枝上。花芳香,初时白色,后渐变红,10～20朵成伞房花序式。果卵形,短尖,长2～4 cm,具5锐棱,外果皮脆薄,熟时紫黑色。花期4—9月,果期9—10月。

【分布习性】我国华南、华中、华东及西南各地有分布。性喜温暖湿润和向阳、避风的环境,不耐寒、怕积水。深根性,萌蘖能力强,对土壤要求不严,生长强健。

【繁殖栽培】使君子以播种、扦插及压条繁殖为主。播种既可秋季随采随播,也可砂藏至次春播。扦插宜选二至三年生枝条作插穗,春秋皆可进行。既可将藤剪下长150～200 cm盘成小圆后埋入土中2/3,也可将枝剪成小段扦插。压条多以波状压条为主,待其生根后,次年截段分栽。

【园林应用】使君子枝柔叶碧、花艳轻盈绚丽,适宜美化花架、篱垣、凉亭等,也可盆栽观赏。

图 7.15　使君子　　　　　　　　　　图 7.16　使君子

7.6　卫矛科 Celastraceae

卫矛属 *Euonymus*

扶芳藤 *Euonymus fortunei*（Turcz.）Hand. -Mazz.

扶芳藤

7.7　葡萄科 Vitaceae

地锦属 *Parthenocissus*

（1）地锦 *Parthenocissus tricuspidata*（Sieb. Et Zucc.）Planch.

【别名】爬山虎、爬墙虎、飞天蜈蚣。

【形态特征】落叶藤本,茎长达 10 余米,卷须短而多分枝。叶卵形,常 3 裂,基部心形。正面无毛,背面脉有柔毛,叶缘有粗锯齿。聚伞花序常着生于短枝顶端两叶之间,夏季开花,淡黄绿色。浆果球形,径 6 ~ 8 mm,熟时蓝黑色,被白粉。花期 6 月,果期 9—10 月。

【分布习性】地锦在我国南北均有分布。性喜阴湿环境,但不怕强光,耐寒,耐旱,耐贫瘠,耐修剪,怕积水。对土壤要求不严,但在阴湿、肥沃的土壤中生长最佳。对有毒有害气体有较强的抗性和适应能力。

【繁殖栽培】地锦可扦插、压条或播种繁殖。扦插法可早春剪取茎蔓 20 ~ 30 cm 插入苗床促根,也可在夏秋季用嫩枝带叶扦插。压条多于夏季采用波状压条法,秋季即可分离移栽,次年定植。播种繁殖需将种子砂藏层积至次年早春。

【园林应用】地锦枝繁叶茂,攀援能力强,是垂直绿化中常用素材之一,可用于山体、墙面以及假山假石绿化。

图 7.19　地锦

图 7.20　地锦

（2）五叶地锦 *Parthenocissus quinquefolia*（Linn.）Planch.

【别名】五叶爬山虎、美国爬山虎、美国地锦。

【形态特征】落叶藤本。小枝圆柱形，无毛，幼枝紫红色。卷须与叶对生，5~12 分枝，卷须顶端嫩时尖细卷曲，后遇附着物扩大成吸盘。掌状 5 小叶，有长柄，小叶倒卵圆形至椭圆形，先顶尖，边缘有锯齿。正面暗绿，背面略具白粉并有毛。聚伞花序集成圆锥状。浆果近球形，径约 6 mm，成熟时蓝黑色。花期 7—8 月，果期 9—10 月。

【分布习性】五叶地锦原产美国，我国有栽培。习性同爬山虎。

【繁殖栽培】同爬山虎。

【园林应用】五叶地锦与地锦的园林应用基本类似，但攀援能力略差，易被风刮落。

图 7.21　五叶地锦

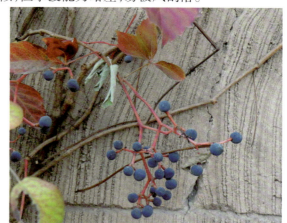

图 7.22　五叶地锦

7.8　五加科 Araliaceae

常春藤属 *Hedera*

常春藤 *Hedera nepalensis* var. *sinensis*（Tobl.）Rehd.

【别名】中华常春藤、爬树藤。

【形态特征】常绿藤本,茎长 3~20 m。气生根明显,一年生枝疏生锈色鳞片。叶革质,营养枝的叶通常为三角状卵形或三角状长圆形,全缘或 3 裂。生殖枝的叶长圆状卵形至椭圆状披针形,全缘,少数 1~3 浅裂。伞形花序单个顶生,花淡绿白色,有香气。果实球形,红色或黄色,直径 7~10 mm。花期 8—10 月,果期次年 3—5 月。

【分布习性】我国华南、华东、华北及西南各地有分布。喜阴湿环境,也能在光照充足之处生长。稍耐寒,对土壤要求不严,但喜肥沃疏松的土壤。

【繁殖栽培】常春藤茎蔓极易生根,故常扦插繁殖,以春季 4—5 月和秋季 8—9 月为宜。也可压条繁殖,将茎蔓埋入土中,待其节部生根后截取栽植即可。

【园林应用】常春藤枝蔓茂密青翠,叶形多变,姿态优雅,攀援能力强,可以植于建筑物阴面绿化,或攀附假山、篱垣等,也可盆栽观赏。

图 7.23 常春藤

图 7.24 常春藤

7.9 夹竹桃科 Apocynaceae

1) 络石属 *Trachelospermum*

络石 *Trachelospermum jasminoides* (Lindl.) Lem.

【别名】万字茉莉、花叶络石、三色络石、变色络石、石龙藤、白花藤、软筋藤。

【形态特征】常绿木质藤本,枝蔓长达 10 m,皮孔明显,枝具乳汁。小枝、叶背和嫩叶柄被柔毛,老时渐无毛。叶革质或近革质,椭圆形至卵状椭圆形或宽倒卵形,长 2~10 cm,宽 1~5 cm。花序腋生或顶生,花白色,芳香。蓇葖果线状披针形,长 10~20 cm,宽 3~10 mm。花期 3—7 月,果期 7—12 月。

【分布习性】络石产于我国东南部,现南北各地均有栽培。喜光、稍耐阴、较耐寒,也耐暑热,对土壤要求不严,适生于中性至微酸性土壤。性强健,生长迅速。

【繁殖栽培】络石的嫩茎在雨季极易长气根,故常取其嫩茎进行扦插、压条繁殖,极易成活。但老茎扦插成活率低。

【园林应用】络石枝叶茂密,花香浓郁,是垂直绿化的好材料,也可用作地被或盆栽观赏。

图7.25　变色络石

图7.26　络石

2) 蔓长春花属 *Vinca*

蔓长春花 *Vinca major* Linn.

【**形态特征**】蔓性半灌木,茎较柔软,花茎直立。叶椭圆形,长2~6 cm,宽1.5~4 cm,先端急尖,基部下延。花单朵腋生,多蓝色。花期4—6月。

【**分布习性**】蔓长春花原产地中海沿岸及美洲、印度等地,我国南方有引种。喜温暖湿润,喜阳光也较耐阴,稍耐寒,适生于深厚肥沃湿润的土壤中。常见栽培品种尚有花叶蔓长春('Variegata')。

【**繁殖栽培**】播种、扦插繁殖。蔓长春多春播繁殖,也可于春季、初夏剪取其嫩茎扦插,3周左右即可生根。

【**园林应用**】蔓长春花适应能力强,生长旺盛,花色绚丽,观赏价值甚高,适宜用作地被,也可用于垂直绿化等。

图7.27　蔓长春

图7.28　蔓长春

7.10　木樨科 Oleaceae

素馨属 *Jasminum*

(1)迎春花 *Jasminum nudiflorum* Lindl.

【**别名**】小黄花、金腰带、黄梅、清明花。

【形态特征】落叶披散灌木,枝蔓长可达 6 m,细长,小枝四棱形,光滑无毛。叶对生,三出复叶,小叶卵形至长椭圆状卵形,长 1～3 cm,先端渐尖,边缘有短睫毛。花黄色、单生,径 2～2.5 cm,裂片 6 枚,先叶开花。花期 2—4 月,通常不结果。

【分布习性】迎春花产于我国西北、西南各地,现世界各地普遍栽培。喜光,稍耐阴,较耐寒,喜湿润,也耐干旱,怕水涝,对土壤要求不严。萌蘖能力强,枝条着地即易生根。

【繁殖栽培】迎春花以分株、压条或扦插繁殖为主。分株繁殖多在春季芽萌动前进行。压条繁殖可将较长的枝蔓浅埋于沙土中,约 2 月后生根,翌年春季切离移栽。扦插繁殖春、夏、秋三季均可进行,宜剪取半木质化的枝条作插穗,保持湿润,约 15 天可生根。

【园林应用】迎春花枝条披垂,叶丛翠绿,早春花色金黄,宜配植湖边、溪畔、桥头、墙隅、草坪、林缘等处,丛植、群植均可,也可用于制作盆景。

(2)野迎春 *Jasminum mesnyi* Hance

【别名】云南黄素馨、云南黄馨、云南迎春、南迎春、金腰带。

【形态特征】野迎春和迎春花的生态习性、繁殖栽培和园林应用基本相同,主要区别在于:野迎春抗寒性不强,南方庭院常见栽培,为常绿披散灌木,枝长可达 3 m,细长柔软、下垂、绿色,四棱。花黄色、单生,径 3.5～4 cm,裂片 6 或更多,成半重瓣。花期 4 月。

图 7.29　迎春　　　　　　　　　　　图 7.30　野迎春

7.11　紫葳科 Bignoniaceae

凌霄属 *Campsis*

凌霄 *Campsis grandiflora*(Thunb.) Schum.

【别名】紫葳、五爪龙。

【形态特征】攀援藤本,茎木质,长达 10 m。树皮灰褐色,细条状纵裂,小枝紫褐色。气生根发达,攀援能力强。叶对生,奇数羽状复叶,小叶 7～9 枚,卵形至卵状披针形,先端尾状渐尖,基部不对称,长 3～7 cm,边缘有粗锯齿。圆锥花序顶生,花冠钟状漏斗形,外面橙黄,内侧鲜红。蒴果长如豆荚,顶端钝。花期6—8月,果期11月。

【分布习性】我国长江流域各地、日本、越南、印度、巴基斯坦等地有分布。凌霄适应能力较强,耐寒、耐旱、耐瘠薄、怕水涝,病虫害较少。喜阳光充足,也耐半阴,忌阳光暴晒。适生于疏松、肥沃及排水良好之中性土壤。

【繁殖栽培】凌霄常用扦插、压条、分株繁殖。扦插繁殖多在春季选有气生根的硬枝进行。压条多夏季进行,约50天生根。分株繁殖宜在早春进行,即将母株附近由根芽萌生的小苗挖出栽种。

【园林应用】凌霄干枝虬曲多姿,翠叶如盖,花大色艳,是庭院棚架、花门垂直绿化的好素材,可用于攀援墙垣、枯树、石壁,点缀假山等。

图7.31　凌霄

图7.32　凌霄

7.12　忍冬科 Caprifoliaceae

忍冬属 *Lonicera*

忍冬 *Lonicera japonica* Thunb.

【别名】金银花、金银藤、老翁须、鸳鸯藤、二色花藤、双花。

【形态特征】半常绿缠绕藤本,长可达9 m。小枝细长、中空,皮褐色,条状剥落,幼时被短柔毛。叶卵形或椭圆状卵形,长3~8 cm,全缘。枝叶均密生柔毛。花成对腋生,初开时白色,后渐变黄,有香气,苞片叶状。浆果球形,蓝黑色。花期5—7月,果期10—11月。

【分布习性】忍冬在我国南北均有分布。适应能力很强,喜阳也耐阴,耐寒性强,也耐干旱和水湿,对土壤要求不严。根系繁密发达,萌蘖性强。

【繁殖栽培】忍冬以扦插繁殖为主,也可分株、压条或播种繁殖。扦插繁殖最适在夏秋阴雨天气进行,剪取健壮无病虫害的1~2年生枝蔓作插穗,随剪随插,成活率较好。

【园林应用】忍冬植株轻盈,攀援能力强,开花时节金银相伴,甚是好看,是优秀庭院吉祥花木。适合用于林下、林缘配植,也可攀援花廊、花架、花栏、花柱以及缠绕假山石等。

图 7.33　忍冬

图 7.34　忍冬

7.13　天门冬科 Asparagaceae

天门冬属 *Asparagus*

文竹 *Asparagus setaceus*（Kunth）Jessop

【别名】云片竹、山草。

【形态特征】常绿蔓性攀援亚灌木，株高可达数米。根部稍肉质，茎柔软丛生，绿色，多分枝，细长。叶状枝通常每 10～13 枚成簇，刚毛状，整个叶状枝平展呈羽毛状。叶小，鳞片状，主茎上鳞片叶多呈刺状。花小，通常 1～4 朵腋生，白色，有短梗。浆果球形，熟时紫黑色。花期 9—10 月，果期冬季至翌春。

【分布习性】文竹原产于非洲南部，我国南北均有栽培。性喜温暖湿润和半阴通风的环境，不耐严寒，不耐干旱，忌积水。以疏松肥沃、排水良好，富含腐殖质的砂质壤土栽培为好。

【繁殖栽培】文竹多以分株方式进行繁殖。春季结合换盆，用利刀将丛生的茎根分成数丛，每丛含 3～5 枝芽，分别栽植即可。

【园林应用】文竹纤细秀丽，清新淡雅，云片重叠，尤其适宜盆栽布置书房、客厅、办公室等地，也可用于生产切花。

图 7.35　文竹

图 7.36　文竹

7.14 旋花科 Convolvulaceae

虎掌藤属 *Ipomoea*

圆叶牵牛 *Ipomoea purpurea* Lam.

【别名】喇叭花、紫花牵牛、打碗花、心叶牵牛、重瓣圆叶牵牛。

【形态特征】一年生缠绕草本,茎上有毛。叶宽卵形至近圆形,深或浅的 3 裂,偶 5 裂,长 4～15 cm。叶柄长 2～15 cm。花腋生,单生或 2 朵着生于花序梗顶。花冠漏斗状,长 5～8 cm,蓝紫色或紫红色。蒴果近球形,径约 1 cm,3 瓣裂。夏秋季节开花。

【分布习性】圆叶牵牛原产美洲热带,我国各地普遍栽培。牵牛花生性强健,喜气候温和、光照充足之环境。深根性植物,对土壤适应性强,较耐干旱盐碱,不怕高温酷暑。种类及品种很多,常见栽培主要有圆叶牵牛、裂叶牵牛等类。

【繁殖栽培】播种繁殖为主,播种期根据用花时期而定,多数 10—11 月秋播,5—6 月春播。

【园林应用】圆叶牵牛是夏秋季常见的蔓性草花,可作小庭院及居室窗前遮阴、小型棚架、篱垣的美化,也可作地被栽植。

图 7.37　圆叶牵牛　　　　　图 7.38　圆叶牵牛

7.15 天南星科 Araceae

麒麟叶属 *Epipremnum*

绿萝 *Epipremnum aureum* (Linden et Andre) Bunting

【别名】魔鬼藤、黄金葛。

【形态特征】常绿大藤本,蔓长可达 10 m。茎攀援,节间具纵槽,分枝多,易生气生根,攀援能力强。叶宽卵形,短渐尖,淡绿色,有淡黄色斑块,全缘或少数具不规则深裂,柄长 8～10 cm。

【分布习性】原产马来半岛等地,现热带、亚热带地区广泛种植。喜温暖湿润、荫蔽环境,忌阳光直射,不耐低温。适生于排水良好、富含腐殖质的微酸性土壤。

【繁殖栽培】绿萝以扦插繁殖为主,常于春末夏初剪取健壮绿萝藤蔓作插穗,尽量勿伤及茎上气生根。

【园林应用】绿萝叶色斑斓,四季常绿,攀援能力强,适宜用作垂直绿化,攀附墙壁、林木、立柱,也可盆栽摆放或悬垂门厅、宾馆、阳台等处。

图 7.39　绿萝

图 7.40　绿萝

7.16　蔷薇科 Rosaceae

蛇莓属 *Duchesnea*

蛇莓 *Duchesnea indica*（Andr.）Focke

蛇莓

7.17　大麻科 Cannabaceae

葎草属 *Humulus*

葎草 *Humulus scandens*（Lour.）Merr.

【别名】蛇割藤、割人藤、刺刺秧。

【形态特征】多年生或一年生之蔓性草本,茎粗糙,具纵棱和倒钩刺。成株茎长可达 5 m,单叶对生,3～7 裂,裂片卵形或卵状披针形,基部心形,两面生粗糙刚毛,缘有粗锯齿。花单性、雌雄异株,穗状花序,雌花少数,常 2 朵聚生。果绿色,扁球形。花期 5—10 月。

【分布习性】葎草在我国南北各地均有分布,以野生为主,无需特别照顾,长势强健。性喜半阴环境、耐寒、抗旱、喜肥,排水良好的肥沃土壤,生长速度迅速。

【繁殖栽培】葎草适应能力极强,多野生为主。可播种繁殖、分株繁殖等。

【园林应用】葎草在城市园林中多被视为有害杂草。因其生性强健,抗逆能力强,耐粗放管理,可用作水土保持及固岸护堤植物。

图7.43　葎草

图7.44　葎草

8 观赏竹类

8.1 禾本科 Poaceae

1) 簕竹属 *Bambusa*

(1) 小琴丝竹 *Bambusa multiplex* 'Alphonse-Karr' R. A. Young

【别名】花孝顺竹。

【形态特征】常绿丛生竹类,秆高 2~8 m,径 1~4 cm。秆和分枝的节间黄色,具有不同宽度的绿色纵条纹,秆箨新鲜时绿色,不规则间有绿色纵条纹。

【分布习性】小琴丝竹原产我国和越南,现我国东南部至西南部多有栽培,也有野生分布。喜温暖湿润气候及排水良好、疏松、肥沃之土壤。适应能力强,分布范围广,是孝顺竹(*Bambusa multiplex* (Lour.) Raeusch. ex Schult.)的园艺品种。

【繁殖栽培】分蔸栽植为主,宜春季雨水节前后进行。

【园林应用】小琴丝竹株竹丛秀美,枝叶秀丽,秆色泽分明犹如黄金间碧玉,适宜配植庭院、池畔、甬道两侧等。

图 8.1　小琴丝竹

图 8.2　小琴丝竹

(2) 凤尾竹 *Bambusa multiplex* f. fernleaf (R. A. Young) T. P. Yi

【别名】米竹、蓬莱竹。

【形态特征】常绿丛生竹类,秆高 1～3 m,径 0.5～1 cm、梢头微弯、节间长 16～20 cm,秆深绿色、被稀疏白色短刺、幼时可见白粉。分枝多,呈半轮生状,主枝不明显,小枝稍下弯,具小叶 9～13 枚。叶线状披针形,长 3.5～6.5 cm,宽 0.4～0.7 cm。

【分布习性】凤尾竹原产我国南方地区,各地多有栽培。喜温暖湿润和半阴环境,耐寒性稍差,不耐强光曝晒,怕渍水,宜肥沃、疏松和排水良好的壤土。

【繁殖栽培】分株繁殖,宜春季雨水节前后进行。

【园林应用】凤尾竹株丛密集,竹秆矮小,可点缀庭园作绿篱、与山石相配等,也可盆栽观赏或制作盆景等。

图 8.3　凤尾竹

图 8.4　凤尾竹

（3）佛肚竹 *Bambusa ventricosa* McClure

【别名】佛竹、密节竹。

【形态特征】秆二型:正常秆高 8～10 m,直径 3～5 cm,节间 30～35 cm,圆柱形,幼时无毛;畸形秆通常高 25～50 cm,节间短缩而其基部膨胀,呈瓶状,长 2～3 cm。每小枝具叶 7～13 枚,披针形,长 9～18 cm,宽 1～2 cm,正面无毛,背面密生短柔毛。

【分布习性】广东特产,现我国南方各地多有栽培。喜湿暖湿润气候,较耐水湿,抗寒能力不强,适宜疏松肥沃、湿润的酸性土壤。

【繁殖栽培】分蔸栽植为主,宜春季雨水节前后进行。

【园林应用】佛肚竹秆短小畸形,状如佛肚,姿态秀丽,四季翠绿,可配植于庭院、公园、水滨等处,与假山、崖石相配,效果更佳。也可盆栽观赏或制作盆栽陈列室内。

图 8.5　佛肚竹

图 8.6　佛肚竹

(4)硬头黄竹 *Bambusa rigida* Keng et Keng f.

【形态特征】竿高 5～12 m,径粗 2～6 cm,壁厚 1～1.5 cm,无毛,幼时薄被白色蜡粉,节处稍隆起。分枝常自竿基部开始,数枝簇生。箨鞘早落,硬革质,背面下半部近内侧缘生暗棕色刺毛,老时变无毛。叶片线状披针形,长 7.5～18 cm,宽 1～2 cm,次脉 4～9 对。

【分布习性】硬头黄产于四川、重庆、云南、贵州等地,平坝、丘陵、河岸以及村庄院落附近等地习见。适应能力强,适生于气候温暖湿润、土层深厚肥沃之处,也较耐寒,能耐瘠薄土地。

【繁殖栽培】硬头黄竹以分株繁殖为主,适宜在春季雨水节前后进行,成活率较高。

【园林应用】硬头黄竹竿材壁厚而坚实,竹竿中下部挺直,农家及农业生产常用之搭棚架、做农具等。园林中可丛植成林,配置公园、庭院、专类园等,尤其与山石、建筑相配更为适宜。

图 8.7　硬头黄竹

图 8.8　硬头黄竹

(5)慈竹 *Bambusa emeiensis* L. C. Chia & H. L. Fung

【别名】茨竹、子母竹。

【形态特征】竿高 5～10 m,梢端细长作弧形向外弯曲或幼时下垂如钓丝状,全竿约 30 节,节间圆筒形、长 15～50 cm、径粗 3～6 cm,竿环平坦。叶窄披针形,长 10～30 cm,宽 1～3 cm,质薄,先端渐细尖,基部圆形或楔形,正面无毛,背面被细柔毛,叶缘通常粗糙。叶柄长 2～3 mm。花枝束生,柔软而弯曲下垂,长 20～60 cm,节间长 1.5～5.5 cm。笋期 6—9 月或自 12 月至翌年 3 月,花期多在 7—9 月。

【分布习性】我国西南各省常见分布,喜温暖湿润气候,较耐寒。根系发达,适应能力强,耐瘠薄土地,适生于肥沃疏松排水良好的砂质壤土。

【繁殖栽培】以移植母株或竹鞭繁殖为主。

【园林应用】慈竹枝叶茂盛秀丽,适应能力强,可于庭园、宅旁栽植,也可用于固坡护岸等。

图8.9　慈竹

图8.10　慈竹

2）刚竹属 *Phyllostachys*

（1）毛竹 *Phyllostachys edulis*（Carriere）J. Houzeau

【**别名**】楠竹、茅竹。

【**形态特征**】竿高可达20 m,径粗者可达20 cm,幼竿密被细柔毛及白粉,箨环有毛,老竿无毛。中部节间长达40 cm或更长,壁厚约1 cm。叶披针形,长4~11 cm,宽0.5~1.5 cm。花枝穗状,长5~7 cm,花期5—8月。常见栽培的变型尚有龟甲竹（'Heterocycla'）、花毛竹（'Tao Kiang'）、方秆毛竹（'Teteanglata'）、黄槽毛竹（'Luteosulcata'）等。

【**分布习性**】分布于我国秦岭、汉水流域至长江流域以南各地,黄河流域也有栽培。喜温暖湿润气候,适生于疏松肥沃、土层深厚、排水良好及背风向阳之地。

【**繁殖栽培**】以移植母株或竹鞭繁殖为主,也可播种繁殖。

【**园林应用**】毛竹竿型粗大,是良好的建筑材料。园林中适宜用于城郊接合部营造风景林或大型公园等大面积绿化时使用。

图8.11　毛竹

图8.12　龟甲竹

（2）紫竹 *Phyllostachys nigra*（Lodd.）Munro

【别名】黑竹、墨竹、乌竹。

【形态特征】竿高4~10 m,直径可达5 cm,幼竿绿色,密被细柔毛及白粉。一年生以后的秆逐渐出现紫斑,最后全部变为紫黑色。中部节间长25~30 cm,壁厚约3 mm。叶薄,长7~10 cm,宽约1.2 cm。花枝呈短穗状,长3.5~5 cm。笋期4—5月。

【分布习性】原产中国,现南北俱有栽培。阳性,喜温暖湿润气候,较耐寒、耐阴、忌积水,适生于土层深厚、排水良好的砂质壤土。

【繁殖栽培】紫竹以移植母株或埋鞭繁殖为主。

【园林应用】紫竹姿态优雅,新秆绿色,老秆紫色,叶色翠绿,适宜植于庭院山水之间、池畔、窗前等处,也可盆栽观赏。

图8.13　紫竹

图8.14　紫竹

（3）斑竹 *Phyllostachys reticulata* f. *lacrima-deae* Keng f. et Wen

【别名】湘妃竹。

【形态特征】秆高8~20 m,径3.5~7 cm。节间鲜绿色,圆筒形,秆具紫褐色斑块与斑点,分枝也有紫褐色斑点。在具芽的一侧有狭长的纵沟。叶长椭圆状披针形,长5~20 cm,宽1~2.5 mm,先端渐尖,基部楔形,正面灰绿色,背面淡绿色。笋期4—7月。

【分布习性】我国华中、华东、西南各地有栽培。性喜温暖湿润气候,怕风,不耐严寒。

【繁殖栽培】斑竹生长迅速,繁殖容易,可移植母株或播种繁殖等。

【园林应用】斑竹枝叶茂密,生长快,秆斑驳可爱,宜种植于公园、庭院等地,也可群植林缘、山崖等。

图 8.15　斑竹　　　　　　　　　　　图 8.16　斑竹

3）箬竹属 *Indocalamus*

箬竹 *Indocalamus tessellatus*（Munro）Keng f.

【**别名**】阔叶箬竹、壳箬竹、粽粑叶。

【**形态特征**】竿高 0.75～2 m，直径 5～15 mm。节间长约 25 cm，最长者可达 32 cm，圆筒形，节间被微毛。秆每节 1 分枝，秆上部有时 2～3 分枝。叶长圆状披针形，先端渐尖，长 10～45 cm，宽 4～10 cm，叶缘有小刺毛。圆锥花序长 6～20 cm，小穗常带紫色，含小花 5～9。笋期 4—5 月。

【**分布习性**】箬竹分布于我国华中、华东、西南各地。喜温暖湿润气候，生长适应性强，较耐寒、耐半阴，对土壤要求不严，适生于疏松肥沃、排水良好的微酸性土壤。

【**繁殖栽培**】箬竹以分株繁殖为主。

【**园林应用**】箬竹生长快，叶形大，枝叶密生，可用于营造公园、庭院地被景观，或群植林缘、山崖、台阶两侧等，也可盆栽观赏。

图 8.17　箬竹　　　　　　　　　　图 8.18　箬竹

4）苦竹属 *Pleioblastus*

菲白竹 *Pleioblastus fortunei*（Houtte）Nakai

【别名】翠竹。

【形态特征】竿高多在 10～30 cm，少数可达 80 cm。节间细而短小，圆筒形，直径 1～2 mm，光滑无毛。叶短小，狭披针形，长 6～15 cm，宽约 1 cm，先端渐尖。绿色叶面上通常有浅黄色至白色纵条纹，叶缘有纤毛。笋期 4—6 月。

【分布习性】原产日本，我国华东各地有栽培。喜温暖湿润气候，好肥，较耐寒，忌烈日，宜半阴，适生于肥沃疏松排水良好的砂质壤土。

【繁殖栽培】春季雨水节前后移植母株，简便易行且成活率高。

【园林应用】植株低矮，叶片秀美，常植于庭园观赏，可作地被、绿篱或与假石相配，也可盆栽或制作盆景。

图 8.19 菲白竹   图 8.20 菲白竹

5）牡竹属 *Dendrocalamus*

麻竹 *Dendrocalamus latiflorus* Munro

麻竹

9 观赏棕榈类

9.1 棕榈科 Arecaceae

1) 棕竹属 *Rhapis*

（1）棕竹 *Rhapis excelsa*（Thunb.）Henry ex Rehd.

图9.1 棕竹

【别名】裂叶棕竹、观音竹、筋头竹。

【形态特征】常绿丛生灌木,高2~3 m,茎干直立、圆柱形,径1.5~3 cm,纤细如手指,不分枝,有叶节,叶鞘纤维粗,黑褐色。叶掌状深裂,裂片5~10或更多,裂片线状披针形,长达30 cm,宽2~5 cm,先端宽,有不规则的齿缺。肉穗花序腋生,长约30 cm,分枝多而疏散。雄花小,淡黄色,雌花较大,卵状球形。果倒卵形或近球形,径约1 cm。花期5—7月,果期10—12月。

【分布习性】棕竹在我国南部至西南部常见分布,喜温暖湿润及通风良好的半阴环境,不耐积水,稍耐寒,极耐阴、畏烈日,适生于肥沃的壤土。

【繁殖栽培】棕竹的分株繁殖可结合春季翻盆换土时进行。播种繁殖前宜温汤浸种,待种子萌动时再行播种。其发芽多不整齐,故播种后覆土宜稍深。

【园林应用】棕竹丛生挺拔,枝叶繁茂,四季青翠,似竹非竹,可丛植于庭院、窗外、道旁,也可盆栽摆放花坛、布置室内等。

（2）矮棕竹 *Rhapis humilis* Bl.

矮棕竹

2）棕榈属 *Trachycarpus*

棕榈 *Trachycarpus fortunei*（Hook.）H. Wendl.

【别名】棕树、山棕。

【形态特征】乔木状，高可达 15 m，树干圆柱形，被不易脱落的老叶柄基部和密集的网状纤维，除非人工剥除，否则不能自行脱落，裸露树干直径 10 ~ 15 cm 甚至更粗。叶圆扇形，直径 50 ~ 70 cm，掌状深裂几达基部，裂片线形或线状披针形，宽 1.5 ~ 3 cm，革质，坚硬，先端 2 浅裂。叶柄长 75 ~ 80 cm 或更长，两侧具细锯齿。圆锥状肉穗花序腋生，长 40 ~ 60 cm，雄花序分枝疏而粗长。花黄白色，核果肾状球形，蓝黑色。花期 4 月，果期 10—11 月。

【分布习性】我国长江以南各省区常见栽培。喜温暖湿润气候，极耐寒、较耐阴，略耐干旱与水湿。适生于排水良好、湿润肥沃的中性、石灰性或微酸性土壤。抗大气污染能力强。

【繁殖栽培】棕榈以播种繁殖为主，可自播繁衍。秋季果熟后，剪下果穗、阴干脱粒即可播种，也可置于通风处阴干，或砂藏至次年春季播种。

【园林应用】棕榈挺拔秀丽，端庄质朴，适宜列植、丛植、群植公园、庭院之道旁、花坛等处，也可容器栽培布置会场等。

图9.3　棕榈

图9.4　棕榈

3）蒲葵属 *Livistona*

蒲葵 *Livistona chinensis*（Jacq.）R. Br.

【别名】扇叶葵、葵树。

【形态特征】常绿乔木，高 5 ~ 20 m，直径 20 ~ 30 cm，茎单生，有密接环纹，基部常膨大。叶阔肾状扇形，宽 1.5 ~ 1.8 m，长 1.2 ~ 1.5 m，掌状浅裂或深裂，裂片条状披针形，下垂，先端长渐尖，再深裂为 2。叶柄长，两侧具骨质钩刺，叶鞘褐色。肉穗花序腋生，排成圆锥状，分枝多而疏散。核果椭圆形至长椭圆形，熟时亮紫黑色，外略被白粉。花期春夏，果期 10—11 月。

【分布习性】蒲葵产于我国南部。喜温暖、湿润、向阳的环境，较耐寒，稍耐阴，略耐水湿，适生于肥沃疏松、湿润的黏性土壤。适应能力强，对多种有毒有害气体有较强抗性。

【繁殖栽培】蒲葵多采用播种繁殖。种子成熟后应先堆沤洗净，再砂藏层积催芽，约 2 周萌芽。

【园林应用】蒲葵四季常青，树冠伞形，叶大如扇，可列植、丛植、孤植造景，也可盆栽观赏。

图9.5　蒲葵　　　　　　　　　图9.6　蒲葵

4）丝葵属 *Washingtonia*

丝葵 *Washingtonia filifera*（Lind. ex Andre）H. Wendl.

【别名】老人葵、华盛顿棕榈、加州蒲葵。

【形态特征】常绿乔木,树干粗壮通直,近基部略不膨大,高可达25 m。树冠下部常有下垂的枯叶。叶大型,直径达1.8 m,掌状深裂至中部,裂片50~80,每裂片先端再分裂,裂片间及边缘具灰白色丝状纤维。叶柄约与叶片等长,下部边缘有小刺。肉穗花序大型、下垂,多分枝,花小、白色。花期7月。

【分布习性】丝葵原产美国西南部及墨西哥等地,现我国各地多有栽培。喜温暖湿润及阳光充足的环境,耐热、耐湿、耐瘠薄土地,较耐寒、较耐旱,抗污染能力强。

【繁殖栽培】以播种繁殖为主,最宜随采随播,覆土厚度为种子直径1倍左右,保持土壤湿润。

【园林应用】丝葵主干通直,叶大如扇,白丝缕缕,适宜用作园景树、庭荫树、行道树等,单植、丛植、群植、列植均可。

图9.7　丝葵　　　　　　　　　图9.8　丝葵

5）金果椰属 *Dypsis*

散尾葵 *Dypsis lutescens*（H. Wendl.）Beentje et J. Dransf.

6）鱼尾葵属 *Caryota*

（1）鱼尾葵 *Caryota maxima* Blume ex Martius

【别名】假桄榔。

【形态特征】乔木，高可达20 m。干单生，光滑，有环状叶痕。叶大，长可达3～4 m，幼叶近革质，老叶厚革质。先端1裂片扇形，有不规则齿缺，侧面裂片菱形，似鱼尾，长15～30 cm。肉穗花序长3～5 m，黄色，分枝悬垂。果实球形，熟时淡红或紫红，径约2 cm。花期5—7月，果实次年乃至第三年成熟。

【分布习性】鱼尾葵产于我国华南、华东以及西南的部分地区。喜光及温暖湿润的环境，耐阴、略耐寒，不耐干旱，尤其茎干忌暴晒。适生于疏松肥沃的酸性壤土。

【繁殖栽培】播种、分株繁殖为主。播种繁殖多于春季进行，2～3个月后出苗。多年生植株分蘖较多、过于茂密时即可分切种植。

【园林应用】鱼尾葵茎干挺直，叶形秀美，花色鲜黄，果串硕大，可用作庭荫树、行道树等，单植、丛植、列植均可。

图9.11　鱼尾葵　　　　　　　　图9.12　鱼尾葵

（2）短穗鱼尾葵 *Caryota mitis* Lour

7）假槟榔属 *Archontophoenix*

假槟榔 *Archontophoenix alexandrae*（F. Muell.）H. Wendl. et Drude

【别名】亚历山大椰子。

【形态特征】常绿乔木，高可达20 m，茎干挺直，粗约15 cm，圆柱状，基部略膨大。叶羽状全裂，生于茎顶，长2～3 m，羽片线状披针形，排列2列，长达45 cm，全缘或有缺刻，正面绿色，背面灰白色。肉穗花序下垂，长30～60 cm，多分枝，花白色。果卵球形，熟时红色。花期4月，果期4—7月。

【分布习性】假槟榔原产澳大利亚,我国南方华南、东南和西南各地有引种栽培。喜光以及高温多湿气候,耐寒力差。适生于富含腐殖质的微酸性土壤。

【繁殖栽培】以播种繁殖为主。种子采收后须去除果肉,忌曝晒。宜随采随播或砂藏至次春播种。播前温汤浸种,播后保持床温 20 ~ 25 ℃ ,2 周左右即可萌芽出土。

【园林应用】假槟榔植株挺拔,树姿优美,在我国南方可用作行道树、庭荫树、园景树等,幼株可盆栽布置展厅、会场等。

图 9.15　假槟榔　　　　　　　　　　图 9.16　假槟榔

8) 海枣属 *Phoenix*

(1) 加拿利海枣 *Phoenix canariensis* Hort. ex Chaub.

(2) 江边刺葵 *Phoenix roebelenii* O'Brien

加拿利海枣

【别名】软叶刺葵、美丽针葵。

【形态特征】茎丛生,栽培时常为单生,高 1 ~ 3 m。叶羽状全裂,长 1 ~ 2 m,稍弯曲下垂。羽片线形,排成两列,近对生,较柔软,长 20 ~ 30 cm,宽约 1 cm。花序生于叶丛中,长 30 ~ 50 cm,花序轴扁平,分枝多。果长圆形,长约 1.5 cm,径约 5 mm,熟时枣红色。花期 4—5 月,果期 6—9 月。

【分布习性】江边刺葵原产亚洲热带、亚热带地区,我国南方有引种。喜温暖湿润及光照充足之环境,耐寒能力不强。适生于疏松肥沃及湿润的土壤,部分江岸边可见野生者。

【繁殖栽培】江边刺葵主要通过播种法进行繁殖。秋季果熟采收后即播,或砂藏至次春播种。

【园林应用】江边刺葵枝叶柔软,姿态优美,适宜我国南方庭院、道路、公园等地绿化使用,丛植、群植、片植均可,也可配植于花坛、花境之中,或盆栽观赏。

图 9.19　软叶刺葵

图 9.20　软叶刺葵

9）竹节椰属 *Chamaedorea*

袖珍椰子 *Collinia elegans*（Mart.）Liebm.

【别名】矮生椰子、玲珑椰子、袖珍葵。

【形态特征】常绿小灌木，高 1～3 m，盆栽高度一般不超过 1 m。茎干直立，不分枝，深绿色，有不规则环纹。羽状复叶全裂，裂片披针形，长 15～25 cm，互生，深绿色，有光泽，全缘，多反卷。肉穗花序腋生、直立，长 40～50 cm，花黄色。浆果球形熟时橙红色。花期 3—4 月，果期夏秋季。

【分布习性】袖珍椰子原产墨西哥与危地马拉等地，我国南方有引种，多盆栽。喜温暖湿润气候和半阴的环境，不耐强光照射、不耐寒，适生于排水良好、湿润、肥沃的微酸性土壤之中。

【繁殖栽培】袖珍椰子以分株繁殖、播种繁殖为主。

【园林应用】袖珍椰子植株小巧玲珑，姿态秀雅，叶色浓绿，是优秀的盆栽观叶植物，可置于案头、书桌之上，也可悬吊室内观赏，或陈列厅堂、会场等，也可室外丛植、群植等。

图 9.21　袖珍椰子

图 9.22　袖珍椰子

10 一二年生花卉类

10.1 菊科 Asteraceae

1）万寿菊属 *Tagetes*

万寿菊 *Tagetes erecta* Linn.

【别名】臭芙蓉、蜂窝菊。

【形态特征】一年生草本,高 20~90 cm。茎直立粗壮、绿色,多丛生。叶羽状分裂,长 5~10 cm,宽 4~8 cm,裂片长椭圆形或披针形,缘有锯齿。头状花序单生,径 5~10 cm,花色有乳白、黄、橙、橘红及复色等,花型有单瓣、重瓣、绣球等型。瘦果线形,黑色或褐色,花期 6—8 月,果期 8—10 月。

【分布习性】万寿菊原产墨西哥及中美洲,我国各地均有栽培。喜温暖及阳光充足环境,也耐半阴,较耐寒,对土壤要求不严,较耐移植,生长迅速,病虫害较少。

【繁殖栽培】万寿菊以春季播种繁殖为主,发芽适温 15~20 ℃,约 1 周即可出苗。万寿菊也可生长期行嫩枝扦插。

【园林应用】万寿菊花大色艳、花期长,可布置花坛、花境,也可盆栽观赏或作切花。

图 10.1 万寿菊

图 10.2 万寿菊

2）百日菊属 *Zinnia*

百日菊 *Zinnia elegans* Jacq.

【别名】百日草、百日菊、步步高、步步登高、节节高。

【形态特征】一年生草本,茎直立、被糙毛,高 30～100 cm。叶对生,全缘,卵形至长圆状椭圆形,长 5～10 cm,宽 2.5～5 cm,基部稍抱茎,两面粗糙。头状花序径 5～10 cm,单生枝端,花梗甚长。花白、红、黄、紫色等,有单瓣、重瓣、卷叶、皱叶等品种。花期 6—10 月,果期 8—10 月。

【分布习性】百日菊原产墨西哥,我国各地广泛栽培。喜温暖、不耐寒,喜阳光、怕酷暑。性强健,宜在肥沃深土层土壤中生长。

【繁殖栽培】百日菊以播种繁殖为主,春季露地播种在 4 月中下旬进行,保护地可冬末春初进行。嫌光性种子,覆土可略厚。

【园林应用】百日菊花大色艳,株型美观,栽培管理简单,可用于布置花坛、花境、花带等,也可盆栽或作切花。

图 10.3 百日草

图 10.4 百日草

3）秋英属 *Cosmos*

秋英 *Cosmos bipinnata* Cav.

【别名】波斯菊、大波斯菊、格桑花、扫地梅。

【形态特征】一年生草本,高 1～2 m。茎具沟纹,光滑或微具毛,枝开展。叶 2 回羽状全裂,裂片狭线形,较稀疏。头状花序单生,径 3～6 cm,花序梗长 6～18 cm。舌状花通常单轮,白色、粉色、紫红色等,有半重瓣及重瓣品种。瘦果黑紫色,长约 1 cm,有 2～3 尖刺。花期 6—8 月,果期 9—10 月。

【分布习性】秋英原产墨西哥,我国各地多有栽培。喜温暖及阳光充足环境,不耐寒,忌酷暑。耐干旱瘠薄土地,喜排水良好的砂质壤土,怕积水。

【繁殖栽培】秋英春播苗花朵少而枝叶繁茂,可在夏季进行修剪促使矮化,入秋后仍可开花。夏播苗植株矮小而整齐、秋季开花照常。

【园林应用】秋英叶形雅致,花色丰富,自播繁衍能力强,适宜用作地被,也可丛植、群植以布置花坛、花境,或于篱笆、山石、崖坡、宅旁等处。

图 10.5　秋英

图 10.6　秋英

4）藿香蓟属 *Ageratum*

藿香蓟 *Ageratum conyzoides* Linn.

藿香蓟

5）雏菊属 *Bellis*

雏菊 *Bellis perennis* Linn.

【**别名**】春菊、马兰头花、延命菊。

【**形态特征**】多年生草本，常作二年生栽培。植株矮小，株高 7～15 cm，全株有毛。叶基生，匙形或倒长卵形，顶端圆钝，基部渐狭成柄，上半部边缘有疏钝齿。花葶自叶丛中抽出，被毛。头状花序单生，直径 2.5～4 cm，有紫、粉、白等色。花期 4—6 月，果期 5—7 月。

【**分布习性**】雏菊原产欧洲，我国各地庭园常见。性喜冷凉气候，忌炎热。喜光也耐半阴，较耐寒。对土壤要求不严格，但以疏松肥沃的壤土为宜。

【**繁殖栽培**】雏菊秋季露地苗床播种繁殖为主，播种后宜用苇帘遮阴，勿用薄膜覆盖。春播苗夏季长势差。

【**园林应用**】雏菊叶密集矮生，颜色碧翠，花朵娇小可爱，适宜布置花坛、花境边缘，也可盆栽观赏。

图 10.9　雏菊

图 10.10　雏菊

6）金盏花属 *Calendula*

金盏花 *Calendula officinalis* Linn.

【别名】金盏菊、黄金盏、常春花。

【形态特征】一二年生草本，株高 30～60 cm，全株被白色茸毛。单叶互生，椭圆形或椭圆状倒卵形，全缘或有不明显锯齿，基生叶有柄，上部叶稍抱茎。头状花序单生茎顶，径 4～10 cm，有乳白、浅黄、橙、橘红等色。花期4—6月，果期5—7月。

【分布习性】金盏花原产欧洲西部及地中海沿岸等地，现世界各地都有栽培。喜阳光充足环境，适应性较强，耐寒，怕炎热。对土壤要求不严，耐干旱瘠薄，但以疏松、肥沃的微酸性土壤最好。对 SO_2 等有毒有害气体有较强的抗性。

【繁殖栽培】金盏花以秋播繁殖为主。

【园林应用】金盏花花型多变，花期较早，适宜布置布置花坛、花境、花带等，也可作为草坪的镶边或盆栽观赏、切花等。

图 10.11　金盏花

图 10.12　金盏花

7）瓜叶菊属 *Pericallis*

瓜叶菊 *Pericallis hybrida* B. Nord.

【别名】富贵菊、黄瓜花。

【形态特征】多年生草本，多做一二年生栽培。茎直立，高 30～70 cm，全株被密柔毛。叶具柄，叶片大，心状卵圆形或心状三角形，长 10～15 cm，宽 10～20 cm，正面浓绿色，背面灰白色，被密茸毛。头状花序多数，径 3～5 cm，在茎端排列成宽伞房状。花紫红、淡蓝、粉红或近白色。花期11月至次年4月。

【分布习性】瓜叶菊原产大西洋加那利群岛，我国各地公园或庭院广泛栽培。性喜温暖、湿润通风良好的环境，忌炎热和高温干燥，怕霜冻、怕雨涝。适生于富含有机质的疏松、肥沃而排水良好的砂质壤土。

【繁殖栽培】瓜叶菊以秋播繁殖为主，适温 20～25 ℃，10～20 天萌芽，播种到开花约需 6 个月。

【园林应用】瓜叶菊花型、花色丰富多彩，是我国元旦、春节期间的主要观赏盆花之一，可用于布置花坛、花境及盆栽室内摆放。

图 10.13　瓜叶菊

图 10.14　瓜叶菊

8）向日葵属 *Helianthus*

向日葵 *Helianthus annuus* Linn.

向日葵

10.2　唇形科 Lamiaceae

1）鼠尾草属 *Salvia*

一串红 *Salvia splendens* Ker-Gawler

【别名】炮仗红、墙下红、撒尔维亚。

【形态特征】多年生草本，常作一年生栽培，茎基部多木质化，株高可达 90 cm。茎四棱，光滑，节常呈紫红色。叶对生，卵圆形或三角状卵圆形，长 2.5~5 cm，宽 2~4.5 cm，先端渐尖，边缘有锯齿，正面绿色，背面较淡，两面无毛。顶生总状花序，花序长可达 20 cm，被红色柔毛。花萼钟形，红色，花冠红色。小坚果椭圆形，长约 3.5 mm，暗褐色。花期 7—10 月，果熟期 8—10 月。

【分布习性】原产巴西，我国各地广泛栽培。喜阳，也耐半阴，不耐寒，忌霜冻。适生于疏松、肥沃和排水良好的砂质壤土。

【繁殖栽培】一串红多播种或扦插法繁殖。春播秋播均可，条件合适，8~10 天萌芽。扦插多于生长季节取软枝扦插，可结合摘心等修剪时进行。

【园林应用】一串红花朵繁密，色彩艳丽，常用作花丛花坛的主体材料，也可配植于带状花坛或植于林缘、路旁等，也是盆栽观赏的优良品种。

图 10.17　一串红

图 10.18　一串红

2）鞘蕊花属 Coleus

彩叶草 Coleus hybridus Hort. ex Cobeau

【别名】洋紫苏、锦紫苏。

【形态特征】多年生草本植物,常作一二年生栽培,株高50~80 cm,茎四棱、直立、少分枝。单叶对生,卵圆形,先端长渐尖,边缘具齿。叶面绿色,有淡黄、桃红、朱红、紫等色彩鲜艳的斑纹。顶生总状花序、花小、浅蓝色或浅紫色。花期8~9月。

【分布习性】彩叶草原产印度尼西亚等地,现世界各地广泛分布,且其栽培变种、品种极多。喜温暖湿润气候及阳光充足环境,不耐寒,稍耐阴。适应性强,适生于疏松、肥沃而排水良好之壤土。彩叶草变种、品种极多。

【繁殖栽培】播种、扦插繁殖。播种繁殖四季均可进行,适温25~30 ℃,约10天萌芽。扦插极易成活,可结合修剪进行软枝扦插,约2周生根。

【园林应用】彩叶草色彩鲜艳,耐粗放管理,可配植花坛、环境以及路边镶边种植,也可盆栽布置室内,或切叶栽培等。

图10.19　彩叶草　　　　　　　　图10.20　彩叶草

10.3　茄科 Solanaceae

1）矮牵牛属 Petunia

碧冬茄 Petunia × hybrida

【别名】矮牵牛、灵芝牡丹、番薯花。

【形态特征】多年生草本,常作一年生栽培。株高20~60 cm,全株有毛。茎直立或倾卧。下叶多互生,上部叶近对生,卵形、全缘、近无柄。花单生叶腋或枝端,花冠漏斗状,径5~18 cm,有皱褶、单瓣、重瓣等型。花色极为丰富,有白、红、紫、蓝、黄及嵌纹、镶边等色。花期4月至霜降,冬暖地区可持续开花。

【分布习性】碧冬茄原产南美洲,现世界各地广泛栽培。喜温暖和阳光充足的环境,不耐霜冻,怕雨涝,适生于疏松肥沃和排水良好的壤土。

【繁殖栽培】碧冬茄四季均可播种育苗,具体播种期因用花期而定。种子细小,播后细孔喷雾湿润种子,无须覆盖。

【园林应用】碧冬茄花繁叶盛,花期长,色彩丰富,是优良的花坛和花境植物,可自然式丛植、群植等,也可盆栽布置花槽、点缀窗台、装饰庭院等。

图 10.21　碧冬茄

图 10.22　碧冬茄

2)曼陀罗属 *Datura*

曼陀罗 *Datura stramonium* Linn.

【别名】醉心花、狗核桃。

【形态特征】一年生直立草本或亚灌木,株高 1~2 m,全体近于平滑或在幼嫩部分被短柔毛。茎粗壮,圆柱状,淡绿色或带紫色,下部木质化。叶互生,上部呈对生状,叶片卵形或宽卵形,顶端渐尖,边缘有不规则波状浅裂,裂片顶端急尖,有时有波状牙齿。花单生于枝杈间或叶腋,直立,有短梗。花萼筒状,长 4~5 cm,顶端 5 浅裂,裂片三角形。花冠漏斗状,下半部带绿色,上部白、黄、淡紫等色,长 6~10 cm,径 3~5 cm。蒴果直立,卵状,长 3~5 cm,直径 2~4 cm。花期 6—10 月,果期 7—11 月。

【分布习性】曼陀罗原产印度,现广泛分布于温带至热带地区,我国华南、西南、华中、华东等地多有分布,多野生在田间、沟旁、道边、河岸、山坡等处。喜温暖湿润及阳光充足环境,适应能力极强,适生于疏松、肥沃及排水良好的砂质壤土。

【繁殖栽培】曼陀罗自播繁殖能力强,人工播种繁殖多于春季撒播。

【园林应用】曼陀罗花艳丽妖娆,高贵华丽,有香气,适宜配植公园、庭院等处,孤植、丛植均可,也可盆栽观赏,但叶、花、果有毒,须注意安全。

图 10.23　大花曼陀罗

图 10.24　曼陀罗

10.4　苋科 Amaranthaceae

1) 千日红属 *Gomphrena*

千日红 *Gomphrena globosa* Linn.

【别名】火球花、千日草。

【形态特征】一年生直立草本,株高 20～60 cm,全株密被细毛。茎粗壮,有分枝,枝略呈四棱形。叶对生,纸质、椭圆形至倒卵形,长 3.5～13 cm,宽 1.5～5 cm,顶端急尖或圆钝,基部渐狭,边缘波状,叶柄长 1～1.5 cm。头状花序球形,常 1～3 个簇生于梗端。花小,密生,紫红、淡紫色或白色。果近球形,径约 2 mm。花果期 6—10 月。

【分布习性】千日红是热带和亚热带地区常见花卉,我国各地习见栽培。性喜阳光充足、气候干燥之环境。生性强健、耐旱、不耐寒、怕积水,喜疏松肥沃土壤,耐修剪。

【繁殖栽培】千日红以播种、扦插繁殖为主。秋季采种、春季播种,适温 20～25 ℃,10～15 天可出苗。扦插繁殖多在夏季剪取健壮枝梢作插穗,适温 20～25 ℃,2～3 周生根。千日红幼苗生长缓慢,春季可在 4—5 月播种于露地苗床,6 月定植即可。

【园林应用】千日红花色鲜艳,花期长,最适布置花坛、花境,也可盆栽以及制作干花。

图 10.25　千日红

图 10.26　千日红

2) 青葙属 *Celosia*

(1) 鸡冠花 *Celosia cristata* Linn.

【别名】红鸡冠。

【形态特征】一年生直立草本,高 30～90 cm,稀分枝。径光滑,有棱线或沟。叶互生,有柄,卵状至线形,变化不一,全缘,基部渐狭。穗状花序,顶生、肉质,中下部集生小花,白、黄、橙红、玫瑰紫等色。花期 8—10 月。

【分布习性】鸡冠花原产非洲、美洲热带及亚洲印度等地,现世界各地广泛栽培。喜温暖干燥气候,不耐寒、不耐涝,对土壤要求不严,适生于阳光充足、肥沃疏松的砂质壤土。生长快,耐粗放管理,自播繁殖能力和抗污染能力强。

【繁殖栽培】鸡冠花宜春季播种繁殖,适温 15～20 ℃,10～15 天出苗。

【园林应用】鸡冠花花型独特,花色鲜艳,适宜配植花坛、花境,也可盆栽观赏及用作切花、制作干花等。

(2)凤尾鸡冠 *Celosia cristata* f. *plumose* Hort.

【别名】扫帚鸡冠、芦花鸡冠、笔鸡冠。

　　本种分布习性、繁殖栽培及园林应用基本同鸡冠花,主要区别在于株高 60～150 cm,全株多分枝而开展,各枝端着生疏松的火焰状大花序。花色极多变化,有银白、乳黄、橙红、玫瑰至暗紫等色。

图 10.27　鸡冠花

图 10.28　凤尾鸡冠

10.5　母草科 Linderniaceae

蝴蝶草属 *Torenia*

蓝猪耳 *Torenia fournieri* Linden. ex Fourn.

【别名】夏堇、蝴蝶草。

【形态特征】一年生草本,株高 20～30 cm,分枝多,全株无毛。叶对生,卵形或卵状披针形,质薄,边缘有锯齿。花顶生或在茎上部腋生,蓝紫色、粉红色或白色等。夏至秋季均可开花。

【分布习性】我国华南、东南、西南各地有分布。性喜温暖湿润气候,喜光,不畏炎热,耐寒能力差,适生于疏松肥沃、湿润之壤土或砂质壤土。

【繁殖栽培】蓝猪耳春播繁殖为主,冬暖地区可秋播。条件合适,播种后 2 周萌芽,12～14 周开花。

【园林应用】蓝猪耳株型美观,花色雅致,是优秀的夏季赏花植物之一,适宜布置花坛、花境,也可盆栽观赏。

图 10.29　蓝猪耳

图 10.30　蓝猪耳

10.6　车前科 Plantaginaceae

金鱼草属 *Antirrhinum*

金鱼草 *Antirrhinum majus* Linn.

【**别名**】龙头花、龙口花、洋彩雀。

【**形态特征**】多年生直立草本,多做二年生栽培。茎基部木质化,株高 20~80 cm,微被茸毛。茎下部之叶对生,上部之叶常互生,叶片披针形至阔披针形,全缘、光滑。总状花序顶生,密被腺毛。小花有梗,长 5~7 mm。花冠筒状唇形,外被茸毛,基部膨大呈囊状,上唇直立、2 裂,下唇 3 浅裂,有红、紫、黄、白、粉色等。花期 5—7 月,果熟 7—8 月。

【**分布习性**】金鱼草原产南欧及地中海沿岸,我国各地习见栽培。喜阳光,也能耐半阴,较耐寒,不耐酷暑。适生于疏松肥沃、排水良好的土壤。

【**繁殖栽培**】金鱼草以播种繁殖为主,春秋均可播种,秋播苗木更为健壮、开花更加茂盛。也可以用扦插繁殖。

【**园林应用**】金鱼草种类及品种多,花色丰富,可群植于花坛、花境,也可盆栽观赏或做切花使用。

图 10.31　金鱼草

图 10.32　金鱼草

10.7   夹竹桃科 Apocynaceae

长春花属 *Catharanthus*

长春花 *Catharanthus roseus*（Linn.）G. Don

【别名】日日草、四时春、山矾花、时钟花。

【形态特征】多年生草本，作一二年生栽培。茎直立，基部木质化，株高 20～60 cm，全株无毛或仅有微毛，茎灰绿色，有条纹。叶对生，倒卵状长圆形，长 3～4 cm，宽 1.5～2.5 cm，浓绿而有光泽。花单生或数朵簇生，花冠裂片 5 枚，倒卵形。花色丰富，有白、蔷薇红等色。蓇葖果长约 2.5 cm，有毛。花期、果期几乎全年。

【分布习性】长春花原产非洲东部，我国各地习见栽培。喜阳光及温暖湿润环境，耐半阴，不耐严寒，忌湿怕涝。对土壤要求不严，以排水良好、通风透气的砂质或富含腐殖质壤土为宜。

【繁殖栽培】播种、扦插繁殖。长春花果熟期先后不一，且果实易裂开散失种子，故随熟随采，以春播繁殖为主，发芽适温 20～25 ℃。扦插繁殖多在 4—7 月进行，适温 20～25 ℃，3 周左右即可生根。

【园林应用】长春花花期长，病虫害少，适宜布置花坛，也可盆栽作温室花卉。

图 10.33　长春花　　　　　　　　图 10.34　长春花

10.8   马齿苋科 Portulacaceae

马齿苋属 *Portulaca*

大花马齿苋 *Portulaca grandiflora* Hook.

【别名】太阳花、松叶牡丹、龙须牡丹、半枝莲、午时花。

【形态特征】一年生草本，株高 15～20 cm。茎细而圆，茎叶肉质，平卧或斜生，节上有丛毛。叶散生或略集生，圆柱形。花单生或数朵簇生枝端，径 2～3 cm，单瓣、重瓣均有。花色鲜艳，有白、粉、黄、红、紫色等。花期 5—11 月，温暖地区全年可花。

【分布习性】大花马齿苋原产南美洲,我国各地均有栽培。喜阳光充足及温暖的环境,不耐阴、不耐水湿,较耐干旱瘠薄土地,适应能力强,耐粗放管理。

【繁殖栽培】大花马齿苋适应能力极强,能自播繁衍。春、夏、秋季均可播种繁殖,气温20 ℃左右,约10天即可萌芽。扦插繁殖常用于重瓣品种,在夏季剪取枝梢作插穗,萎蔫的茎也可利用。

【园林应用】植株矮小,枝叶茂盛,花色丰富而鲜艳,适宜布置花坛、花境、花丛等,也可盆栽摆放窗台等。

图 10.35　大花马齿苋　　　　　　　　图 10.36　大花马齿苋

10.9　马鞭草科 Verbenaceae

美女樱属 Glandularia

(1)美女樱 Glandularia × hybrida(Groenland & Rümpler)G. L. Nesom & Pruski

【别名】美人樱、草五色梅、铺地马鞭草、铺地锦、四季绣球。

【形态特征】多年生草本,多作一二年生栽培。植株宽广,高 30～50 cm,丛生而铺覆地面,全株有细茸毛,茎四棱、叶深绿色,对生、有梗,披针状三角形,缘具缺刻状粗齿,或近基部稍分裂。穗状花序顶生,开花部分呈伞房状,花小而密集,有白、粉、红、紫或复色等,有香气。花期6—9月,果期9—10月。

【分布习性】美女樱原产南美洲,现世界各地广泛栽培,我国各地有引种。喜阳光、不耐阴,较耐寒、不耐旱,对土壤要求不严,适生于阳光充足、疏松肥沃的土壤。

【繁殖栽培】美女樱播种繁殖发芽率较低,仅为50%左右。扦插可在5—6月取软枝作插穗进行扦插繁殖。

【园林应用】茎秆低矮匍匐,花色丰富,是良好的地被材料,可用于城市道路绿化带,布置花坛、花境或做地被等,也可盆栽观赏。

(2)细叶美女樱 Glandularia tenera(Spreng.)Cabrera

【别名】裂叶美女樱、羽叶马鞭草。

本种分布习性、繁殖栽培及园林应用与美女樱高度相似,但观赏价值略低。主要区别在于多年生,基部木质化,茎丛生,倾卧状,高 20～40 cm。叶二回深裂或全裂,裂片狭线形。穗状花序,花蓝紫色。

图 10.37   美女樱   图 10.38   细叶美女樱

10.10   十字花科 Brassicaceae

芸薹属 *Brassica*

羽衣甘蓝 *Brassica oleracea* var. *acephala* de Candolle

【别名】叶牡丹、牡丹菜、花包菜、绿叶甘蓝等。

【形态特征】二年生草本,形如牡丹。株高 30～40 cm,抽薹开花时高可达 2 m。茎短缩,叶密生,宽大匙形、倒卵形等,也有呈鸟羽状者,光滑无毛,被白粉,外部叶呈粉蓝绿色,边缘呈细波状皱褶,叶柄粗而有翼。内侧叶色极为丰富,有紫红、粉红、白、黄绿等色。花序总状,花期 4 月。

【分布习性】羽衣甘蓝原产地中海沿岸至小亚细亚半岛一带,现各地广泛栽培。喜冷凉气候,极耐寒、耐热、不耐涝。对土壤适应能力较强,而以腐殖质丰富肥沃壤土或黏质壤土最宜。

【繁殖栽培】羽衣甘蓝以播种繁殖为主,多于 7—8 月进行。

【园林应用】羽衣甘蓝叶形多变,叶色鲜艳,观赏期长,适宜公园、街头、花坛等处布置,也可盆栽观赏。

图 10.39   羽衣甘蓝   图 10.40   羽衣甘蓝

10.11 旱金莲科 Tropaeolaceae

旱金莲属 *Tropaeolum*

旱金莲 *Tropaeolum majus* Linn.

【别名】旱荷、金莲花、大红雀。

【形态特征】多年生草本,常做一年生栽培。茎叶稍肉质,半蔓性,长可达 1.5 m,无毛或被疏毛。叶互生,近圆形,柄长 6~20 cm,盾状着生于叶片的近中心处。单花腋生,左右对称,梗较长。花径 3~6 cm,花瓣 5 枚,乳白、浅黄、橘红、深紫或杂色。花期 7—9 月,果期 7—11 月。

【分布习性】旱金莲原产南美洲,我国多地有引种。性喜凉爽气候,不耐严寒酷暑。适生于疏松、肥沃、通透性强的砂质壤土,喜湿润怕渍涝。

【繁殖栽培】旱金莲可以播种或扦插繁殖。播种繁殖可春播秋季赏花,或秋播春季赏花。扦插繁殖多于 4—6 月进行,软枝扦插 2~3 周可生根。

【园林应用】旱金莲茎叶优美,花大色艳,花形奇特,尤其适宜布置花境,可自然式丛植,或点缀于岩石园、灌丛间等,也可盆栽装饰阳台、窗台或置于室内书桌、几架观赏。

 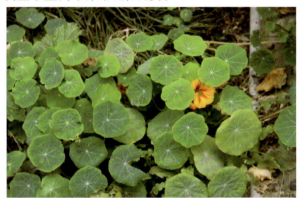

图 10.41　旱金莲　　　　　　　　图 10.42　旱金莲

10.12 堇菜科 Violaceae

堇菜属 *Viola*

(1) 三色堇 *Viola tricolor* Linn.

【别名】蝴蝶花、猫脸花、鬼脸花。

【形态特征】多年生草本,常作二年生栽培。株高 10~25 cm,全株光滑,茎长多分枝,直立或稍倾斜,有棱。叶互生,基生叶长卵形、茎生叶较狭。花朵较大,径约 5 cm,腋生,下垂。花瓣 5,不整齐。花色瑰丽,通常为黄、白、紫三色,也有纯白、浓黄、蓝、青等纯色者。花期 4—6 月,果期 5—7 月。

【分布习性】三色堇原产欧洲,现我国各园林习见栽培。喜阳光、略耐半阴,喜凉爽,较耐寒,忌高温和积水,适生于肥沃湿润的壤土,贫瘠地则品性退化明显。

【繁殖栽培】三色堇以播种繁殖为主,多秋播次春用花。

【园林应用】三色堇株型低矮,花色瑰丽,适宜庭院配植,也可布置花坛、花境、草坪边缘,或盆栽布置阳台、窗台、台阶,点缀居室、书房等。

图 10.43　三色堇

图 10.44　三色堇

(2)角堇 *Viola cornuta* Desf.

角堇

10.13　石竹科 Caryophyllaceae

石竹属 *Dianthus*

石竹 *Dianthus chinensis* Linn.

【别名】洛阳花、中国石竹、中国沼竹、石竹子花。

【形态特征】多年生草本,常作一二年生栽培。株高 30~50 cm,茎直立或基部稍呈匍匐状,上部分枝。单叶对生,线状披针形,长 3~5 cm,宽 2~4 mm,基部抱茎。花单生枝端或数花集成聚伞花序。花瓣 5,先端有锯齿,有紫红、粉红、鲜红或白等色,稍具香气。花期 5—9 月,果期 7—11 月。

【分布习性】石竹原产我国北方,现南北各地均有栽培。性耐寒、耐干旱,不耐酷暑,喜阳光充足环境,略耐半阴。要求肥沃、疏松、排水良好及含石灰质的壤土或砂质壤土,忌水涝,好肥。对 SO_2、Cl_2 等有毒气体有较强的吸收能力。

【繁殖栽培】石竹以播种、分株繁殖为主。播种繁殖多秋季进行,发芽适温 20 ℃左右,约 1 周萌芽。分株繁殖多在秋季或早春将老株分丛栽植即可。

【园林应用】石竹株型低矮,茎秆似竹,叶丛青翠,花色多变,可用于布置花坛、花境、花台或盆栽,也可用点缀岩石园、草坪边缘等。

图 10.47　石竹

图 10.48　石竹

10.14　罂粟科 Papaveraceae

1) 罂粟属 *Papaver*

虞美人 *Papaver rhoeas* Linn.

【别名】丽春花、赛牡丹、满园春、舞草。

【形态特征】一二年生草本,全体被毛。茎直立、具分枝,株高 25～60 cm。叶互生,狭卵形至阔披针形,长 3～15 cm,宽 1～6 cm。花单生于茎和分枝顶端,花梗长 10～15 cm,密被刚毛。花色白、粉、红等,或有不同颜色之边缘。蒴果宽倒卵形,长约 1 cm。花果期 3—8 月。

【分布习性】虞美人产于欧亚温带大陆,我国有大量栽培。喜阳光充足之凉爽气候,耐寒、怕暑热,喜疏松、排水良好的壤土,忌积水。不耐移栽,能自播繁殖。

【繁殖栽培】虞美人小苗不耐移植,宜直播繁殖,春播秋播均可。

【园林应用】虞美人轻盈秀美,花多姿,适宜用于花坛、花境,也可于公园等地片植作地被或盆栽观赏。

图 10.49　虞美人

图 10.50　虞美人

2）花菱草属 *Eschscholzia*

花菱草 *Eschscholtzia californica* Cham.

【别名】金英花、人参花、洋丽春。

【形态特征】多年生草本,常作一二年生栽培。株高 30～60 cm,直立或开展倾卧状。茎直立,无毛,分枝多。叶基生为主,长 10～30 cm,叶柄长,叶片灰绿色,数回掌状至羽状深裂至全裂,裂片形状多变,线形至长圆形。花单生于茎和分枝顶端,有长梗,花径 5～7 cm。花瓣 4 枚,有乳白、淡黄、橙、橘红、猩红、浅粉色等。蒴果狭长圆柱形。花期 4—8 月,果期 6—9 月。

【分布习性】原产美国西南部,我国广泛引种栽培。喜冷凉干燥气候,较耐寒,耐干旱瘠薄土地,宜疏松肥沃、排水良好、上层深厚的砂质。自播繁殖能力强。

【繁殖栽培】花菱草以秋季播种繁殖为主,保持温度 15～20 ℃,1 周左右即可出苗。

【园林应用】花菱草茎叶嫩绿,花色绚丽,适宜布置花坛、花境,或路旁丛植、带状栽植、片植覆盖斜坡等,观赏效果很好。

图 10.51　花菱草

图 10.52　花菱草

10.15　报春花科 Primulaceae

报春花属 *Primula*

（1）报春花 *Primula malacoides* Franch.

【别名】年景花、樱草。

【形态特征】多年生草本,常作一二年生栽培。株高 30～50 cm,通常被粉。叶卵圆形,基部心脏形,边缘有锯齿,叶长 6～10 cm,有柄,叶背有白粉。花葶 1 至多枚自叶丛中抽出,高 10～40 cm。花白色、淡紫、粉红至深红等色,径 1～1.5 cm,伞形花序,多轮重出,2～10 轮。有香气,花梗高出叶面,花萼被白粉。园艺品种甚多,有高型、矮型、大花、多花、重瓣、单瓣、裂瓣、斑叶等。花期 2—5 月,果期 3—6 月。

【分布习性】报春花原产我国云贵高原,现各地广泛栽培。喜温暖湿润、通风良好之环境,不耐炎热,忌强光直射,略耐阴,不甚耐寒。适生于疏松肥沃,排水良好的钙质、铁质壤土。

【繁殖栽培】报春花以播种繁殖为主,其种子寿命较短,不耐贮藏。播种期可据用花期而定,一般播后 6 个月左右便可开花。

【园林应用】报春花是优秀的盆栽花卉,常用于布置花坛、花境,也可点缀岩石园或生产切花。

图 10.53　报春花　　　　　　　　　　　图 10.54　报春花

（2）四季报春 *Primula Obconica* Hance

【别名】四季樱草、仙鹤莲、鄂报春。

【形态特征】多年生草本,常作一二年生栽培。株高约 30 cm,茎较短为褐色。叶为长圆形至卵圆形,长约 10 cm,有长柄,叶缘有浅波状齿。花梗叶丛中抽出,花葶多数,伞形花序。花漏斗状,径约 2.5 cm,有白、洋红、紫红、蓝、淡紫、淡红等色。花期 1—5 月。

　　本种原产我国华中、西南等地,其分布习性、繁殖栽培及园林应用基本同报春。

 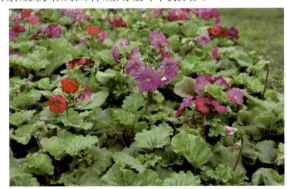

图 10.55　四季报春　　　　　　　　　　图 10.56　四季报春

（3）藏报春 *Primula sinensis* Sabine ex Lindl.

（4）欧报春 *Primula acaulis* Linn.

藏报春　　　　　　欧报春

10.16　凤仙花科 Balsaminaceae

凤仙花属 *Impatiens*

凤仙花 *Impatiens balsamina* Linn.

【别名】指甲花、急性子、金凤花、小桃红。

【形态特征】一年生草本,高 60~100 cm。茎粗壮直立,肉质,近光滑,无毛或幼时被疏柔毛,浅绿或晕紫色,下部节常膨大。叶互生,最下部叶有时对生,披针形、狭椭圆形或倒披针形,长 4~12 cm、宽 1.5~3 cm,先端渐尖,边缘有锐锯齿。花单生或 2~3 朵簇生于叶腋,或成总状花序。花瓣 5,白色、粉红、玫瑰红、紫色等,单瓣或重瓣。蒴果宽纺锤形,两端尖,密被柔毛。熟时一触即裂,长 1~20 cm。花期 6—8 月,果熟期 7—9 月。

【分布习性】原产亚洲,我国各地庭园广泛栽培。性喜阳光,怕湿,耐热不耐寒。对土壤要求不严,能自播繁殖。

【繁殖栽培】凤仙花多播种繁殖为主,3—9 月均可播种,以春播最为适宜。

【园林应用】凤仙花花型多变,花色艳丽,适宜布置花坛、花境及盆栽观赏,也可配植花篱等。

图 10.61　凤仙花

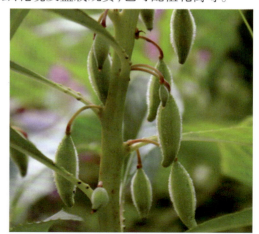

图 10.62　凤仙花(果)

10.17　紫茉莉科 Nyctaginaceae

紫茉莉属 *Mirabilis*

紫茉莉 *Mirabilis jalapa* Linn.

【别名】粉指花、夜饭花、夜娇娇。

【形态特征】一年生草本,高可达 1 m。茎多分枝而开展,茎光滑,具明显膨大的节部。单叶对生,三角状卵形,长 3~15 cm,宽 2~9 cm,顶端渐尖,全缘,两面均无毛。花数朵簇生枝端,总苞萼状，宿存。花萼花瓣状，漏斗形，缘有波状 5 浅裂。花午后开放，有香气，高脚碟状，有紫红、黄色、白色、粉或杂色等。瘦果球形，直径 0.5 cm，黑色，表面具皱纹。花期 6—10 月，果期 8—11 月。

【分布习性】紫茉莉原产美洲热带地区，我国南北各地均有栽培，也有逸为野生者。性喜温和而湿润气候，不耐寒枯。适生于土层深厚、疏松肥沃的壤土。

【繁殖栽培】紫茉莉自播繁衍力强，人工栽培多春播繁殖为主，适温 15～20 ℃，1 周左右萌芽。

【园林应用】紫茉莉花色丰富，栽培管理简便，适宜房前屋后、林缘、篱旁等处配植，也可盆栽观赏。作为入侵植物，宜控制其生长范围。

图 10.63　紫茉莉　　　　　　　　　图 10.64　紫茉莉

11 宿根花卉类

11.1 菊科 Asteraceae

1) 菊属 *Chrysanthemum*

菊花 *Chrysanthemum × morifolium* Ramat.

【别名】寿客、金英、黄华、秋菊、陶菊。

【形态特征】多年生宿根花卉,高 60~150 cm,茎基部半木质化。茎青绿色至紫褐色,被柔毛。叶互生,有短柄,卵形至披针形、羽状浅裂至深裂,边缘有粗大锯齿,基部楔形。头状花序单生或数个集生于枝顶,径 2.5~20 cm,微香。花色有红、黄、白、橙、紫、粉红、暗红等各色,栽培品种极多,花型各异,有单瓣、平瓣、匙瓣等多种类型。雄蕊、雌蕊和果实多不发育。花期 9—11 月。

【分布习性】菊花原产我国,现国内各地遍布。喜温暖湿润气候,稍耐寒,忌荫蔽,较耐旱,怕涝。对土壤要求不严,喜地势高燥、土层深厚、富含腐殖质、轻松肥沃而排水良好的壤土。

【繁殖栽培】菊花多以扦插繁殖为主,也可分株、嫁接繁殖等。扦插可于春夏软枝扦插,分株宜在清明前后进行。

【园林应用】菊花品种繁多,花型、花色丰富,适宜布置花坛、花境及岩石园等,也可培育制作各种造型,组成菊塔、菊桥、菊篱、菊亭、菊门、菊球等。

图 11.1 菊花

图 11.2 菊花

2）大吴风草属 *Farfugium*

大吴风草 *Farfugium japonicum*（Linn. f.）Kitam.

【别名】八角乌、活血莲、金钵盂、独角莲、一叶莲、大马蹄香、大马蹄。

【形态特征】常绿多年生草本，根状茎粗壮。叶互生，基生叶有长柄，肾形，长 4～15 cm，宽 6～30 cm，革质、有光泽。花葶高 30～70 cm，幼时被密的淡黄色柔毛，后渐脱落。头状花序在顶端排成伞房状，径 4～6 cm，花黄色。花期夏至冬季。

【分布习性】我国东部各省有分布。喜半阴和湿润环境，怕阳光直射，较耐寒。对土壤适应能力强，以肥沃疏松、排水良好的壤土为宜。

【繁殖栽培】大吴风草以分株繁殖为主，多结合春季翻盆换土时进行，也可播种繁殖。

【园林应用】大吴风草植株低矮整齐，叶肥厚光亮，耐阴能力强，适宜用作林下地被或配植建筑物阴面、立交桥下等处。

图 11.3　大吴风草

图 11.4　大吴风草

3）非洲菊属 *Gerbera*

非洲菊 *Gerbera jamesonii* Bolus

非洲菊

11.2　芍药科 Paeoniaceae

芍药属 *Paeonia*

芍药 *Paeonia lactiflora* Pall.

【别名】将离、离草、白术、余容、犁食、没骨花。

【形态特征】多年生草本，根粗壮、肉质。茎丛生，高 60～120 cm，无毛。下部茎生叶为二回三出复叶，上部茎生叶多为三出复叶。小叶狭卵形、椭圆形或披针形，常 3 深裂，绿色，近无毛。花 1 至数朵生于茎顶，径 8～15 cm，紫红、粉红、黄、淡绿或白色，单瓣、重瓣均有。蓇葖果长 2.5～3 cm，径 1.2～1.5 cm。花期 4—5 月，果期 8—9 月。

【分布习性】我国东北、华北、西北、西南等地有分布，栽培品种甚多。喜光照，耐旱、耐寒、耐半阴，怕积水，适生于排水良好的壤土，忌盐碱地。

【繁殖栽培】芍药以分株繁殖最为简便易行，于秋季植株休眠时节进行。也可以播种繁殖，主要用于生产砧木、繁育新品种等。

【园林应用】芍药适应能力强,耐粗放管理,适宜布置花坛、花境或与山石相配,也可盆栽观赏。

图11.7　芍药

图11.8　芍药

11.3　鸢尾科 Iridaceae

鸢尾属 Iris

鸢尾 *Iris tectorum* Maxim.

【别名】扁竹叶、屋顶鸢尾、蓝蝴蝶。

【形态特征】植株矮小,株高30~40 cm。根状茎粗短,径约1 cm、淡黄色,须根较细而短。叶基生、剑形、纸质、淡绿色,稍弯曲,长15~50 cm,宽1.5~3.5 cm。花茎光滑,稍高于叶丛,单一或有二分枝,每枝着花1~2朵。花蓝紫等色,径约8 cm。蒴果长椭圆形或倒卵形。花期4—5月,果期6—8月。

【分布习性】国内各地广泛分布。喜阳光充足环境,部分品种耐半阴。对土壤要求依种类而异,有喜湿润而排水良好,富含腐殖质、略带碱性的黏性土壤者,也有适生于沼泽或浅水中者。

【繁殖栽培】鸢尾以分株繁殖为主,四季皆可进行,以春秋为好。也可春季播种繁殖。

【园林应用】鸢尾叶碧绿青翠,花形大而奇,是优美的盆花、切花和花坛用花,也可用作地被。

图11.9　鸢尾

图11.10　鸢尾

11.4　豆科 Fabaceae

车轴草属 *Trifolium*

白车轴草 *Trifolium repens* Linn.

【别名】白三叶、白花三叶草、车轴草。

【形态特征】多年生草本，株高 10~30 cm。茎匍匐蔓生，上部稍上升，节上生根，全株无毛。主根短，侧根和须根发达。掌状三出复叶，小叶倒卵形至近圆形，长宽均 1~2 cm，柄长 1.5 mm，微被柔毛。托叶卵状披针形，膜质，基部抱茎成鞘状。花序顶生，总花梗较长，小花密集，白、乳黄、淡红等色，略具香气。荚果长圆形，种子通常 3 粒，阔卵形。

【分布习性】白车轴草原产欧洲和北非，我国南北各地均有栽培。适应能力强，喜阳光充足空旷之地，较耐旱、不耐阴，对土壤要求不高，喜弱酸性土壤不耐盐碱，忌长期积水。

【繁殖栽培】白车轴草多以播种繁殖为主，春、秋均可进行。

【园林应用】白车轴草适应能力强，生长旺盛，耐粗放管理，适宜建植草坪、堤坝湖岸绿化以及用作绿肥等。

图 11.11　白车轴草

图 11.12　白车轴草

11.5　酢浆草科 Oxalidaceae

酢浆草属 *Oxalis*

（1）酢浆草 *Oxalis corniculata* Linn.

（2）紫叶酢浆草 *Oxalis triangularis* 'Urpurea'

酢浆草

【别名】红叶酢浆草、三角酢浆草。

【形态特征】多年生草本，根稍肥厚，有分枝，下部稍有须根，根顶端着生地下茎。叶自茎顶生出，掌状三出复叶，簇生，生于叶柄顶端，小叶叶柄极短，呈等腰三角形。叶正面玫红，叶背深红色，且有光泽，白天多展开，强光及傍晚时下垂，三小叶紧紧相靠，似翩翩起舞的飞蝶。伞形花序，花瓣 5 枚，浅粉色，5~8 朵簇生花梗顶端。蒴果近圆柱状，有短柔毛，成熟开裂并弹出种子。

花果期 3—9 月。

【分布习性】紫叶酢浆草原产南美洲,我国有引种栽培。喜向阳、温暖、湿润的环境,耐干旱、略耐阴,较耐寒。对土壤适应能力强,喜腐殖质丰富的砂质壤土。

【繁殖栽培】紫叶酢浆草可分株、播种繁殖。分株繁殖全年均可进行,以春季 4—5 月最好。播种繁殖适宜春季进行,发芽适温 15 ~ 18 ℃,2 周左右即可发芽。

【园林应用】紫叶酢浆草适应能力强,耐粗放管理,可配植草地、斜坡、岸边、路旁、林缘等。

图 11.15　紫叶酢浆草

图 11.16　紫叶酢浆草

(3)红花酢浆草 *Oxalis corymbosa* DC.

【别名】大酸味草、大叶酢浆草。

【形态特征】多年生直立草本。无地上茎,有根茎。叶基生,柄长 5 ~ 30 cm 或更长,被毛。掌状复叶,小叶 3,扁圆状倒心形,顶端凹入,正面绿色,背面浅绿,两面或有时仅边缘有干后呈棕黑色的小腺体,背面尤甚并被疏毛。伞形花序,总花梗基生,长 10 ~ 15 cm,花紫红色。花果期 3—12 月。

【分布习性】红花酢浆草原产南美洲,现我国南北各地均有栽培。喜向阳、温暖、湿润的环境,不耐寒,忌霜冻。适生于腐殖质丰富的砂质壤土。

【繁殖栽培】红花酢浆草多以分株法进行繁殖,以春秋时节为好,极易成活。也可春季切茎繁殖,即将球茎切成数块,每块带 2 ~ 3 芽,另行栽植即可。

【园林应用】红花酢浆草植株低矮整齐,花多叶繁,花期长、花色艳,生长迅速,可用于花坛、花境镶边,也可片植作地被植物,或盆栽布置室内。

图 11.17　红花酢浆草

图 11.18　红花酢浆草

11.6 锦葵科 Malvaceae

蜀葵属 *Alcea*

蜀葵 *Althaea rosea* Linn.

【**别名**】一丈红、熟季花、端午锦。

【**形态特征**】多年生直立草本,株高可达 3 m,全株密被刺毛。叶大,互生,叶面粗糙而皱,近圆心形,5～7 浅裂或波状棱角,叶柄长 5～15 cm。花大,单生叶腋聚成顶生总状花序。花径 6～10 cm,有红、紫、白、粉红、黄和黑紫等色,单瓣或重瓣。花期5—8 月。

【**分布习性**】蜀葵原产我国西南,现世界各地广泛栽培,园艺品种甚多。喜阳光充足环境,耐半阴,忌水涝。较耐寒,适生于疏松肥沃,排水良好,富含有机质的砂质壤土。

【**繁殖栽培**】蜀葵以播种繁殖为主,也可分株、扦插繁殖。播种、分株繁殖多春季进行,扦插法仅用于繁殖优良品种,生产中较少使用。

【**园林应用**】蜀葵花色丰富,花大美丽,可种植于建筑物旁、与假山假石相配,或配植花坛、花境、丛植草坪、林缘等处,矮生品种可盆栽观赏。

图 11.19 蜀葵

图 11.20 蜀葵

11.7 牻牛儿苗科 Geraniaceae

天竺葵属 *Pelargonium*

马蹄纹天竺葵 *Pelargonium zonale* Aif

【**别名**】洋绣球、洋葵、洋蝴蝶。

【**形态特征**】多年生草本,株高 30～60 cm,全株有鱼腥味。茎直立,基部木质化,上部肉质,具明显的节,全株密被短柔毛。叶互生,圆形至肾形,基部心脏形,径 3～7 cm,叶缘具波状浅裂,叶表或有明显暗红色马蹄形环纹。伞形花序顶生,总花梗长于叶。花有红、橙红、粉红或白等色。花期5—7 月,果期6—9 月。

【分布习性】马蹄纹天竺葵原产非洲南部,我国各地普遍栽培。性喜阳光充足,温暖湿润气候及肥沃疏松土壤,较耐旱,怕积水。生性强健,适应能力强。

【繁殖栽培】马蹄纹天竺葵可播种、扦插繁殖。播种繁殖春、秋季均可进行,以春季室内盆播为好,发芽适温 20~25 ℃。扦插繁殖以春、秋季为好,夏季高温插条易腐烂。

【园林应用】马蹄纹天竺葵花色丰富艳丽、花期长、耐粗放管理,可丛植道旁、林缘等处,也可盆栽布置花坛、室内摆放等。

图 11.21　马蹄纹天竺葵

图 11.22　马蹄纹天竺葵

11.8　唇形科 Lamiaceae

鼠尾草属 _Salvia_

(1)墨西哥鼠尾草 _Salvia leucantha_ Linn.

【别名】紫绒鼠尾草。

【形态特征】多年生草本,茎直立,株高 80~160 cm,全株被柔毛。茎四棱,叶对生有柄,披针形,叶缘有细钝锯齿,略有香气,长 8~10 cm,宽 1.5~2 cm。花序总状,长 20~40 cm,全体被蓝紫色茸毛。小花 2~6 朵轮生,花冠唇形,蓝紫色,花萼钟状并与花瓣同色。花期 8—10 月,果实冬季成熟。

【分布习性】墨西哥鼠尾草原产中南美洲,我国有引种。喜温暖湿润气候,阳光充足环境,不耐寒,生长适温 18~26 ℃。适生于疏松、肥沃的砂质壤土。

【繁殖栽培】墨西哥鼠尾草播种繁殖以春播为主,发芽适温 20~25 ℃。也可扦插繁殖。

【园林应用】墨西哥鼠尾草适应能力强,耐粗放管理,花期迟,适宜公园、庭院配植,也可丛植、片植于林缘、坡地、草坪角隅、河湖岸边等处。

图 11.23　墨西哥鼠尾草

图 11.24　墨西哥鼠尾草

（2）蓝花鼠尾草 *Salvia farinacea* Benth.

蓝花鼠尾草

11.9　阿福花科 Asphodelaceae

萱草属 *Hemerocallis*

大花萱草 *Hemerocallis hybridus* Hort.

【别名】大苞萱草、杂种萱草。

【形态特征】大花萱草根茎短，肉质根呈纺锤状，其上着生须根。叶翠绿狭长，基生呈带状排成两列。叶长 30～45 cm，宽 2～2.5 cm，低于花葶。花 2～4 朵，花长 8～10 cm，黄色，有香气，花梗极短。蒴果椭圆形，稍有三钝棱，长约 2 cm。花果期 6—10 月。

【分布习性】大花萱草原产日本及西伯利亚，我国华中、华东及西南等地有栽培。适应能力强，喜阳光充足环境，也耐半阴。对土壤要求不严，但以腐殖质含量高、排水良好的湿润土壤为好。

【繁殖栽培】大花萱草以分株繁殖最为常用，多在春季萌芽前或秋季落叶后进行。大花萱草种子发芽率低，较少采用播种繁殖。

【园林应用】大花萱草花色鲜艳，栽培管理简单，适宜布置花坛、花境、道旁、疏林草坡等，也可用作地被。

图 11.27　大花萱草

图 11.28　大花萱草

11.10　天门冬科 Asparagaceae

1）天门冬属 *Asparagus*

天门冬 *Asparagus cochinchinensis*（Lour.）Merr.

【别名】天冬草、野鸡食。

【形态特征】茎丛生下垂，分枝多，茎上有钩刺。叶状枝扁平，稍镰刀状，长 0.5～8 cm，宽 1～2 mm，通常每 3 枚成簇。花小，多 2 朵腋生，淡绿色。浆果直径 6～7 mm，熟时红色。花期 5—6 月，果期 8—10 月。

【分布习性】天门冬原产非洲南部，现我国南北均有栽培。性喜阳光充足、温暖湿润环境，不耐严寒，耐阴、怕强光，适宜土层深厚、疏松肥沃且排水良好的壤土。

　　常见栽培尚有矮天门冬（var. *compactus* Hort.）、斑叶天门冬（var. *variegates* Hort.），均为天门冬之变种。

【繁殖栽培】天门冬多行分株繁殖，选取根头肥大、粗壮的健壮母株切为数丛，尽量减小切口，摊晾一段时间后即可种植。也可播种繁殖，于秋季采收成熟果实，秋播或贮藏至次春播。

【园林应用】天门冬枝繁叶茂，植株矮小，青翠可爱，尤其适宜盆栽布置会场、花坛、花境，也可切叶作插花素材。

图 11.29　天门冬

图 11.30　天门冬

2）玉簪属 *Hosta*

玉簪 *Hosta plantaginea*（Lam.）Aschers.

【别名】玉春棒、白鹤花、玉泡花。

【形态特征】多年生草本，根状茎粗 1.5～3 cm。叶基生成丛，卵状心形至卵形，有长柄。顶生总状花序，花葶高 40～80 cm，数朵至数十朵。花被筒长，下部细小，形似簪，白色，芬香。蒴果圆柱状，有三棱，径约 1 cm。花果期 6—9 月。

【分布习性】玉簪原产我国，现在各地广泛栽培。性喜阴湿环境，不耐强烈日光照射，喜荫，较耐寒,要求土层深厚,排水良好且肥沃的砂质壤土。

【繁殖栽培】玉簪以分株、播种繁殖为主。分株繁殖,宜春季发芽前或秋季叶片枯黄后,掘出地下茎分块栽植,翌年可花。播种繁殖宜秋季种子成熟后采集晾干,储藏至翌春播种。

【园林应用】玉簪耐阴能力强,花香浓郁,适宜用作地被,或配植岩石园、林缘等处,也可盆栽布置室内及廊下。

图 11.31　玉簪　　　　　　　　　　　　　　　图 11.32　玉簪

3）沿阶草属 *Ophiopogon*

（1）麦冬 *Ophiopogon japonicus*（L. f.）Ker-Gawl.

【别名】麦门冬、沿阶草、书带草。

【形态特征】多年生草本,根茎短,丛生状,株高 10～30 cm。叶基生,细长、线形,形如韭菜,深绿色。总状花序,花茎自叶丛中生出,花小、柄极短、淡紫色。浆果圆球形,成熟后深绿色或蓝黑色。花期 7—8 月,果熟期 11 月。

【分布习性】麦冬产于我国华中、西南等地,现国内大部分地区有分布。喜温暖湿润气候,较耐阴,能耐寒,适生于土质疏松、肥沃、排水良好壤土。

【繁殖栽培】麦冬分株繁殖简便易行、成活率高,常于春季分栽即可。

【园林应用】麦冬叶丛茂密,叶色深绿,适应能力强,是优良地被植物之一,也可用作花坛、花境镶边或盆栽观赏。

图 11.33　麦冬　　　　　　　　　　　　　　　图 11.34　麦冬

（2）玉龙草 *Ophiopogon japonicus* 'Nanus'

玉龙草

4）吉祥草属 *Reineckea*

吉祥草 *Reineckia carnea*（Andr.）Kunth

【形态特征】多年生常绿草本，株高 10~20 cm，地上匍匐根状茎节处生根与叶，叶 3~8 枚簇生于根状茎顶端，呈带状披针形，端渐尖，长 10~20 cm。花葶抽生于叶丛，穗状花序长约 6 cm，花内白色外紫红色，稍有芳香。浆果球形，鲜红色。夏秋开花，秋冬果熟。

【分布习性】吉祥草原产我国南方各地，现栽培广泛。性喜温暖湿润环境，耐阴、较耐寒。对土壤的要求不严，适应性强，以排水良好、疏松肥沃的壤土为宜。

【繁殖栽培】吉祥草主要以分株方式进行繁殖，一般于早春萌芽前进行。

【园林应用】吉祥草株型优美，叶色翠绿，适应能力强，是南方优秀地被植物之一，也可盆栽置于室内观赏。

图 11.37　吉祥草

图 11.38　吉祥草

5）蜘蛛抱蛋属 *Aspidistra*

蜘蛛抱蛋 *Aspidistra elatior* Blume

【别名】一叶兰、箬叶。

【形态特征】多年生常绿草本，株高约 70 cm。根状茎近圆柱形、粗壮，匍匐生长。叶基生，矩圆状披针形，长 15~40 cm，宽 5~10 cm，基部渐狭成沟状长 12~18 cm 的叶柄。两面绿色，有时稍具黄白色斑点或条纹。花单生于短梗上，紧附地面，径约 2.5 cm，乳黄至褐紫色。花期春季。

【分布习性】原产我国，华南、东南、西南有野生。性喜温暖、湿润的半阴环境。耐贫瘠、较耐寒，不耐盐碱，怕烈日暴晒。适宜生长在疏松、肥沃和排水良好的壤土。常见栽培尚有洒金蜘蛛抱蛋（var. *punctata*）等。

【繁殖栽培】蜘蛛抱蛋主要采用分株法进行繁殖，多在早春结合翻盆换土进行，用利刀切割地下茎，每丛带 3~5 枚叶，另行栽植即可。

【园林应用】蜘蛛抱蛋叶形挺拔整齐，叶色浓绿光亮，姿态优美、淡雅，适应性强，适宜植于林荫、建筑物阴面作地被，也可盆栽观叶。

图 11.39　蜘蛛抱蛋

图 11.40　洒金蜘蛛抱蛋

6）吊兰属 *Chlorophytum*

吊兰 *Chlorophytum comosum*（Thunb.）Baker

【别名】宽叶吊兰、钓兰。

【形态特征】多年生常绿草本，根壮茎短，稍肥厚。叶基生，条形至条状披针形，狭长，长 10~30 cm，宽 1~2 cm，向两端稍变狭，柔韧似兰，成熟植株常自叶丛中抽生走茎，长 30~60 cm。花白色，常 2~4 朵簇生，排成疏散的总状花序或圆锥花序。蒴果三棱状扁球形，长约 5 mm，宽约 8 mm。花期 5 月，果期 8 月。

【分布习性】吊兰原产非洲南部，现世界各地广泛栽培。性喜温暖湿润、半阴环境。适应性强，较耐旱，不甚耐寒。适生于排水良好、疏松肥沃的砂质壤土。常见栽培变种有金边吊兰（var. *marginatum* Hort.）、银心吊兰（var. *mediopictum* Hort.）等。

【繁殖栽培】吊兰以分株、播种繁殖为主。生长期剪取走茎上有根、叶的节另行栽植即可，也可将丛生的吊兰分丛栽植。播种繁殖多于春季进行，适温 15~20 ℃，约 2 周即可萌芽。

【园林应用】吊兰枝叶细长下垂，叶形似兰，可用作地被，点缀岩壁，或盆栽摆放室内观赏，也可悬挂廊架等处。

图 11.41　吊兰

图 11.42　银心吊兰

7) 虎尾兰属 *Sansevieria*

虎尾兰 Sansevieria trifasciata Prain

【别名】虎皮兰、千岁兰。

【形态特征】多年生常绿草本,具横走根状茎。叶簇生,直立,硬革质,扁平长条状披针形,长 30 ~ 70 cm,宽 3 ~ 5 cm,两面具浅绿色和深绿色相间的横带状条纹。花葶高 30 ~ 80 cm,短于叶,小花 3 ~ 8 朵一束,花淡绿色或白色。花期夏季。

【分布习性】虎尾兰原产非洲西部,我国各地有栽培。适应性强,喜温暖湿润,阳光充足环境,耐干旱、耐半阴,不耐寒。对土壤要求不严,但以排水良好的砂质壤土较好。

【繁殖栽培】虎尾兰可分株、扦插繁殖。分株繁殖是将生长过密的株丛切割成数丛,每丛带叶、有根状茎和吸芽,分别栽植即可。全年均可进行,但以春、夏时节为宜。扦插繁殖多夏季进行,剪取健壮而充实的叶片作插穗、每穗长 5 ~ 6 cm,适温 15 ~ 20 ℃,4 周左右即可生根。

【园林应用】虎尾兰叶坚挺直立,四季青翠,株型和叶色多变,对环境适应能力强,尤其适宜盆栽装饰书房、客厅、办公场所等。

图 11.43　虎尾兰

图 11.44　虎尾兰

8) 龙舌兰属 *Agave*

龙舌兰 Agave americana Linn.

【别名】龙舌掌、番麻。

【形态特征】多年生常绿草本植物。茎短、叶大型、肉质,倒披针状线形,长 1 ~ 2 m,中部宽 15 ~ 20 cm,基部宽 10 ~ 12 cm,叶缘具疏刺,通常 30 ~ 60 枚,呈莲座状簇生。圆锥花序顶生,原产地长达十余米,花黄绿色,蒴果长圆形。

【分布习性】龙舌兰原产美洲热带,我国华南、西南等地多有栽培。常见栽培有金边龙舌兰(var. *Marginata*)等。性喜阳光充足及凉爽、干燥环境,稍耐寒,不耐阴,耐旱力强。对土壤要求不严,以疏松、肥沃及排水良好的湿润砂质壤土为宜。

【繁殖栽培】龙舌兰以分株、扦插或播种繁殖为主。分株繁殖多在生长季节进行,常结合春季换盆进行。扦插繁殖截取叶腋处萌发的幼芽作插穗,适度晾干后插入基质较易生根成活。

【园林应用】龙舌兰株型紧凑,叶形美观,适宜用作盆栽观赏,也可点缀草坪、墙隅等处。

图 11.45　金边龙舌兰 　　　　　图 11.46　金边龙舌兰

11.11　车前科 Plantaginaceae

毛地黄属 *Digitalis*

毛地黄 *Digitalis purpurea* Linn.

【别名】洋地黄、自由钟、指顶花、金钟。

【形态特征】二年生或多年生草本,株高 90 ~ 120 cm,除花冠外,全体被灰白色短柔毛和腺毛。茎单生或数条成丛,基生叶多数成莲座状,叶柄具狭翅,长可达 15 cm,叶卵形或长椭圆形,先端尖或钝,基部渐狭,边缘具齿。总状花序顶生,长可达 90 cm,花冠大、钟状,长 5 ~ 7 cm,下垂,紫红色,内面具斑点。蒴果卵形,长约 1.5 cm。花期 5—6 月。

【分布习性】原产欧洲,我国各地有零星栽培。植株强健,较耐寒、较耐旱,喜阳也且耐半阴。对土壤要求不严,适生于湿润而排水良好的砂质壤土。

【繁殖栽培】毛地黄多以播种方式进行繁殖,春播或秋播均可。

【园林应用】毛地黄植株挺拔,花形优美,色泽鲜艳,适宜布置花坛、花境、岩石园等,也可盆栽观赏。

图 11.47　毛地黄 　　　　　　图 11.48　毛地黄

11.12   禾本科 Poaceae

1）芒属 *Miscanthus*

芒 *Miscanthus sinensis* Anderss.

【**别名**】花叶芒、芒草、黄金芒、芭茅。

【**形态特征**】多年生草本,植株呈疏丛状,株高1~2 m。秆丛生,直立,绿色、圆筒形,根系发达。叶鲜绿色,扁平或内卷,长70~85 cm,宽约2 cm,边缘有细锯齿,中肋白色而突出。顶生圆锥花序,长20~30 cm,分枝每节各具披针形小穗。花期晚夏至初秋。

【**分布习性**】芒原产我国中南、东南等地,现国内广泛分布。喜温暖湿润环境,能耐干旱,也能适应多种土壤类型,适应能力和再生能力均强。常见栽培且观赏价值较高的有斑叶芒（var. *Zebrinus*）、花叶芒（var. *variegates* Bael.）等。

【**繁殖栽培**】以分株、播种繁殖为主。芒的分株繁殖宜秋季进行,将根茎植于湿润土壤中,极易成活。自播繁衍能力强。

【**园林应用**】芒适应能力强,耐粗放管理,除用作青饲料及造纸原料栽培外,也可丛植公园、水滨等处观赏。

图11.49   斑叶芒

图11.50   花叶芒

2）狼尾草属 *Pennisetum*

狼尾草 *Pennisetum alopecuroides*（Linn.）Spreng

【**别名**】狗尾巴草。

【**形态特征**】多年生草本,秆直立,丛生,株高30~120 cm。叶条线形,亮绿色,长10~80 cm,宽3~8 mm,先端长渐尖。圆锥花序直立,长5~25 cm,宽1.5~3.5 cm,主轴密生柔毛。雄花紫红色,多位于花序下端,颖果。花果期7—10月。

【**分布习性**】我国南北均有分布,多野生于田岸、荒地、道旁等处。喜阳光充足,土壤较为干燥之环境,极耐寒冷、耐旱、耐贫瘠土壤。栽培管理简单。如生于沼泽等湿润之地,则茎、叶、穗粒略呈紫色。

【**繁殖栽培**】狼尾草播种、分株繁殖均极易成活。播种繁殖可于早春直播。分株繁殖可早春掘出分割另行栽植即可。

【园林应用】狼尾草适应能力强,耐粗放管理,适宜用作岩石园、野生园栽培,也可配植花境、用作地被以固土护岸等。

图 11.51　狼尾草

图 11.52　狼尾草

11.13　旋花科 Convolvulaceae

马蹄金属 *Dichondra*

马蹄金 *Dichondra micrantha* Urban

【别名】小金钱草。

【形态特征】多年生草本,茎细长、匍匐地面,被灰色短柔毛,节上生根。叶互生,肾形至圆形,直径 4~25 mm,全缘。花小、黄色,花冠钟状,单生叶腋。蒴果近球形,径约 1.5 mm。

【分布习性】马蹄金产于我国华南、华东、华中等地,现我国南方广泛分布。性喜温暖、湿润气候,适应性强,生命力旺盛,喜光也耐阴,有一定的耐践踏能力。对土壤要求不严,只要排水良好,沙壤、黏土均可种植。抗病、抗污染能力强。

【繁殖栽培】马蹄金以播种、分株繁殖为主。播种繁殖以春季 4—5 月、秋季 9—10 月为宜。也可春季分株繁殖。

【园林应用】马蹄金植株低矮,叶色翠绿,耐粗放管理,是优良的草坪及地被植物,可用于公园、机关、庭院绿地等栽培观赏,或作沟坡、堤坡、路边固土植材。

图 11.53　马蹄金

图 11.54　马蹄金

11.14　鹤望兰科 Strelitziaceae

1）旅人蕉属 *Ravenala*

旅人蕉 *Ravenala madagascariensis* Adans

旅人蕉

2）鹤望兰属 *Strelitzia*

鹤望兰 *Strelitzia reginae* Aiton

【别名】天堂鸟,极乐鸟花。

【形态特征】多年生草本,株高 1～2 m。茎不明显,叶基生,两侧对生,硬革质,长圆状披针形,长 25～45 cm,宽约 10 cm,顶端急尖,基部圆形或楔形,下部边缘波状。总花梗自叶腋内抽出,与叶近等或略短,总苞片佛焰状,长 15～20 cm,绿色,边缘有紫红晕,每花梗有小花 6～8 朵,依次开放,排列成蝎尾状。花大,两性。花期长,春夏或夏秋季节均可开花。

【分布习性】鹤望兰原产非洲南部,我国南方有露地栽培,北方多温室栽培。性喜温暖湿润气候和阳光充足环境,不耐寒、怕霜雪,忌强光曝晒,适生于疏松、肥沃的黏质壤土。

【繁殖栽培】鹤望兰较难产生种子,故常分株繁殖,于早春结合换盆进行。切割伤口可涂抹草木灰加以保护。

【园林应用】鹤望兰叶大姿美,花形奇特,尤其适宜盆栽布置会场、厅堂,也可露地丛植庭院、公园等处,或用作切花。

图 11.57　鹤望兰

图 11.58　鹤望兰

11.15　秋海棠科 Begoniaceae

秋海棠属 *Begonia*

四季秋海棠 *Begonia cucullata* Willd.

【别名】四季海棠、瓜子海棠、常花海棠。

【形态特征】多年生肉质草本,株高 15 ~ 30 cm。根纤维状,茎肉质、光滑无毛,基部多分枝。叶卵形或宽卵形,长 5 ~ 8 cm,基部略偏斜,边缘有锯齿和睫毛,两面光亮,有绿、紫红或绿带紫晕等变化。花色深红、淡红或白色等,呈聚伞花序。蒴果黄绿色,有带红色的翅。品种甚多,花期全年,尤以秋末至冬春为盛。

【分布习性】四季秋海棠原产巴西等地,现我国南北均有栽植。性喜温暖湿润气候,稍耐阴,不耐暴晒,不耐寒,忌水涝。

【繁殖栽培】四季秋海棠以播种、扦插、分株繁殖。播种繁殖以春季 4—5 月、秋季 8—9 月最适宜,10 天后就能发芽。扦插繁殖四季均可,但成苗后分枝较少,除重瓣品种外,较少采用。

【园林应用】四季秋海棠株姿秀美,花朵玲珑娇艳,最适用于小型盆栽观赏,置放阳台檐下、庭廊、案几、台桌、餐厅等处摆设点缀,也可布置花坛、花境以及用于草地镶边栽植等。

图 11.59　四季秋海棠

图 11.60　四季秋海棠

11.16　天南星科 Araceae

1）花烛属 *Anthurium*

花烛 *Anthurium andraeanum* Linden

【别名】红掌、安祖花、火鹤花、红鹤芋、哥伦比亚花烛。

【形态特征】多年生常绿草本,株高 30 ~ 80 cm,因品种而异。肉质根,无茎,叶自根茎抽出,具长柄、单生、长椭圆状心脏形、鲜绿色,长 30 ~ 40 cm,宽 10 ~ 15 cm。花腋生,花梗长可达 50 cm,超出叶上,佛焰苞阔心脏形,鲜红、橙红、白色等。肉穗花序圆柱状、直立,长约 6 cm,黄色等。

【分布习性】红掌原产南美洲热带雨林地区,现世界各地多有栽培,我国常作温室花卉生产。性喜温暖湿润、半阴环境,忌阳光直射,怕积水。

【繁殖栽培】红掌可分株、扦插、播种或组培繁殖。分株结合春季换盆进行,将有气生根的侧枝切下重新栽植即可。扦插繁殖多是剪取老枝作插穗,每穗 1 ~ 2 节,数周后即可萌芽生根。人工授粉获取的种子成熟后,随采随播即可。

【园林应用】红掌株型奇特,花色丰富,广泛用作温室花卉生产,可盆栽观赏或切花生产。

图 11.61　花烛

图 11.62　花烛

2）广东万年青属 *Aglaonema*

广东万年青 *Aglaonema modestum* Schott ex Engl.

广东万年青

3）喜林芋属 *Philodendron*

春羽 *Philodenron selloum* K. Koch

【别名】羽裂喜林芋。

【形态特征】多年生常绿草本植物,株高可达 1.5 m。茎极短,直立性,呈木质化,茎上叶痕明显,生有气生根。叶簇生,着生于茎端。叶片大,阔心脏形,长可达 60 cm,宽可达 40 cm,羽状深裂似手掌状,革质,浓绿而有光泽。

【分布习性】春羽原产南美洲,我国华南、东南、西南等亚热带地区有栽培。喜高温多湿环境,对光线的要求不严格,不耐寒,耐阴。喜肥沃、疏松、排水良好的微酸性土壤,冬季温度不宜低于 5 ℃。

【繁殖栽培】春羽以分株、扦插繁殖为主。剪取生长健壮的春羽植株基部的萌蘖另行栽植即可,扦插可剪取植株上部茎蔓作插穗。

【园林应用】春羽叶形奇特,四季常绿,株型优美,可丛植林缘、池畔、路沿或片植多地被,也可盆栽布置室内、陈设厅堂等。

图 11.65　春羽

图 11.66　春羽

4）龟背竹属 *Monstera*

龟背竹 *Monstera deliciosa* Liebm.

龟背竹

5）海芋属 *Alocasia*

海芋 *Alocasia odora*〔Roxburgh〕K. Koch

【别名】姑婆芋、山芋、滴水观音。

【形态特征】常绿草本植物，具匍匐肉质根茎。地上茎粗壮。叶大，近革质，草绿色，箭状卵形，边缘波状，长 50～90 cm，宽 40～90 cm。叶柄长近 30～90 cm，有较宽的叶鞘。肉穗花序芳香，白色、淡黄色等，四季可花。浆果红色，卵状，长约 1 cm。

【分布习性】原产我国华南、东南、西南等地，现热带、亚热带地区常见栽培。喜高温潮湿环境，耐阴，怕强光照射，不宜强风吹拂。

【繁殖栽培】海芋可以分株、播种等方式繁殖。分株繁殖多于夏、秋时节，将块茎萌生带叶的小芋分栽即可。播种繁殖宜秋后果熟时，采收橘红色的种子随采随播，或晾干贮藏至翌春播种。

【园林应用】海芋株型挺拔、叶色翠绿，可配植于池畔、林缘、道旁等处，也可盆栽布置厅堂、居室等。

图 11.69　海芋

图 11.70　海芋

11.17　石蒜科 Amaryllidaceae

君子兰属 *Clivia*

君子兰 *Clivia miniata* Regel Gartenfl.

【别名】大花君子兰、大叶石蒜。

【形态特征】多年生常绿草本，根系粗大、肉质纤维状，为乳白色。叶基部宽大互抱成假鳞茎，叶片呈 2 列叠出，排列整齐，宽带状形，顶端圆润，质地硬而厚实，有光泽及脉纹，全缘。花葶自叶腋中抽出，数朵至数十朵构成伞形花序。花漏斗形，直立，橙红色。浆果熟时紫红，宽卵形。花期冬、春季节,果实秋季成熟。

【分布习性】君子兰原产非洲,现我国各地多有盆栽。喜温暖湿润、通风良好而又半阴的环境,畏强光直射,不耐寒。喜深厚肥沃疏松的微酸性砂质壤土。

【繁殖栽培】君子兰以播种、分株繁殖为主。播种前将种子温汤浸种催芽,保持温度 20～25 ℃、湿度 90% 左右,1～2 周即可萌发生根。分株繁殖不可强掰,以免损伤幼株。切口可用木炭粉、草木灰涂抹保护,防止腐烂。

【园林应用】君子兰株型端庄,叶苍翠挺拔,花大色艳,我国南方可用于布置花坛、花境,长江流域及以北地区多盆栽观花、观叶。

图 11.71　君子兰

图 11.72　君子兰

11.18　仙茅科 Hypoxidaceae

仙茅属 *Curculigo*

大叶仙茅 *Curculigo capitulata*（Lour.）O. Kuntze

【别名】野棕、般仔草。

【形态特征】多年生草本,株高可达 1 m,具块状根茎。叶基生,4～6 枚,长圆状披针形至披针形,先端长尖,长 30～90 cm,宽 5～15 cm,纸质,全缘,具折扇状脉。叶柄长 30～80 cm,上面有槽,中空。花梗腋生,短于叶柄,被褐色柔毛。花黄色,聚生成直径 2.5～5 cm 的头状花序。浆果近球形,白色,径约 5 mm。花期 5—6 月,果期 8—9 月。

【分布习性】大叶仙茅原产我国南部,华南、华东、华中、东南、西南各地有分布。性喜温暖阴湿环境,较耐寒,也耐旱。适生于疏松、富含殖质的砂质壤土。常见栽培斑叶仙茅（var. *foliis variegates* Hort.）等。

【繁殖栽培】大叶仙茅多以分株繁殖为主,于春季挖取根茎、切段,切口可涂草木灰,随后栽植即可。

【园林应用】大叶仙茅适宜配置于树林下、道路旁、石隙等处作耐阴湿观叶地被,也可用于药用植物专类园。

图11.73 大叶仙茅

图11.74 大叶仙茅

11.19 鸭跖草科 Commelinaceae

紫露草属 *Tradescantia*

（1）紫竹梅 *Tradescantia pallida*（Rose）D. R. Hunt

【别名】紫鸭跖草、紫叶草、紫锦草。

【形态特征】多年生草本，株高20~50 cm。茎多分枝，略肉质，紫红色，下部匍匐状，节上常生须根。叶互生，披针形，长6~13 cm，宽6~10 mm，先端渐尖，全缘，基部抱茎而成鞘，正面暗绿色，边缘绿紫色，背面紫红色。花小，密生在二叉状的花序柄上，蓝紫色，蒴果椭圆形。花期夏秋。

【分布习性】紫竹梅原产南美洲，我国各地多有引种。喜温暖湿润气候，不甚耐寒，忌阳光暴晒，喜半阴。对干旱有较强的适应能力，适宜肥沃、湿润的壤土。

【繁殖栽培】紫竹梅分株、扦插繁殖均可，极易成活，全年均可进行。

【园林应用】紫竹梅全株紫色，株型秀美，适宜用作地被，或丛植草坪、庭院，也可盆栽室内摆放。

图11.75 紫竹梅

图11.76 紫竹梅

（2）吊竹梅 *Tradescantia zebrina* Bosse

【别名】吊竹兰、斑叶鸭跖草、花叶竹夹菜。

【形态特征】多年生草本。茎匍匐多分枝,半肉质,疏生柔毛,节上易生根。叶卵形或长椭圆形,长 3～7 cm,宽 1.5～3 cm,先端渐尖,具紫及灰白色条纹,叶背紫红色,叶鞘上下两端均有毛。小花白色腋生,花被裂片玫瑰色,蒴果。花期夏季为主。

【分布习性】吊竹梅原产于墨西哥等地,我国有引种。喜温暖湿润气候,较耐阴,不耐旱、不耐寒,略耐水湿,适宜肥沃、疏松的腐殖土壤,也较耐瘠薄。

【繁殖栽培】吊竹梅扦插繁殖极易成活,剪取健壮茎数节作插穗,插于湿沙中即可成活,适温 15～25 ℃。

【园林应用】吊竹梅茎叶悬垂,叶色光彩夺目,尤其适宜盆栽置于几架任其自然悬垂欣赏,也可用作地被或布置花坛、花境等。

图 11.77　吊竹梅

图 11.78　吊竹梅

11.20　胡椒科 Piperaceae

草胡椒属 *Peperomia*

(1) 豆瓣绿 *Peperomia tetraphylla*（Forst. F.）Hook. et Arn.

【别名】圆叶椒草、翡翠椒草、青叶碧玉、豆瓣如意。

【形态特征】多年生簇生草本,株高 10～30 cm。茎肉质,基部匍匐,多分枝,下部数节常生不定根,节间有粗纵棱。叶密集,椭圆形或近圆形,长 9～12 cm,宽 5～9 cm,两端钝或圆,3～4 片轮生,大小近相等,无毛或幼叶被疏柔毛。穗状花序,长 2～4.5 cm。花小,两性,无花被。浆果卵状球形,先端尖,长近 1 mm。花期春季、秋季。

【分布习性】豆瓣绿原产南美洲北部等地。喜温暖湿润的半阴环境。不耐高温、不耐寒冷。要求较高的空气湿度,忌阳光直射。喜疏松肥沃和排水良好的湿润土壤。对甲醛、二甲苯等有毒气体有一定的净化作用。

【繁殖栽培】豆瓣绿以扦插、分株繁殖为主。扦插繁殖可在 4—5 月取健壮的顶端枝条作插穗,切口稍晾干后插入湿润沙床中,也可全叶扦插。

【园林应用】豆瓣绿株型秀美,叶色青翠,尤其适宜作小型盆栽置于茶几、装饰柜、博古架、办公桌上观赏,也可悬吊于室内窗前或浴室等处,清新悦目。

图 11.79 豆瓣绿

图 11.80 豆瓣绿

（2）西瓜皮椒草 *Peperomia argyreia*（Miq.）E. Morr.

西瓜皮椒草

11.21 荨麻科 Urticaceae

冷水花属 *Pilea*

花叶冷水花 *Pilea cadierei* Gagnep. et Guill

【别名】透明草、白雪草。

【形态特征】多年生常绿草本，具匍匐茎，株高 20～50 cm。茎肉质多汁，纤细，中部稍膨大。叶纸质，同对的近等大，广椭圆形至卵状椭圆形，长 3～6 cm，宽 1.5～5 cm，先端尾状渐尖，基部圆形，边缘稍具锯齿。叶面光滑，叶脉下陷，脉间具银白色斑纹或斑块。

【分布习性】花叶冷水花原产东南亚热带区域，我国南方多有栽培。喜温暖湿润气候，不甚耐寒，耐阴能力强，忌烈日暴晒。适生于疏松、肥沃的砂质壤土。

【繁殖栽培】花叶冷水花多用扦插法进行繁殖，春、秋两季均可进行，适温 20～25 ℃，10 天左右即可生根。

【园林应用】花叶冷水花株型矮小，叶色美丽，耐阴能力强，可供露地林缘、灌丛前栽植作地被或镶边花坛、花境，也可盆栽观赏，陈设书房、卧室等，清雅宜人。

图 11.82 花叶冷水花

图 11.83 花叶冷水花

11.22　凤仙花科 Balsaminaceae

凤仙花属 *Impatiens*

苏丹凤仙花 *Impatiens wallerana* J. D. Hook.

【别名】非洲凤仙花、苏氏凤仙、玻璃翠。

【形态特征】多年生草本花卉,也有呈半灌木状者,株高 30 ~ 70 cm。茎直立,绿色,多分枝。叶互生或上部轮生,卵状披针形,长 2.5 ~ 7.5 cm,宽 1.5 ~ 4 cm,两端尖,叶缘有钝锯齿。花深红、淡红及白色等,径约 4 cm。花期 6—10 月,温室栽培则四季可花。

【分布习性】苏丹凤仙花原产非洲东部,我国多地有引种栽培。性喜温暖湿润的气候,要求阳光充足,但忌烈日暴晒。不耐干旱,也怕积水,在肥沃疏松和排水良好的砂质壤土中生长良好。

【繁殖栽培】苏丹凤仙花主要以播种方式进行繁殖,也可扦插繁殖。播种繁殖多于春季进行,发芽适温为 22 ~ 24 ℃,约 2 周即可出苗;扦插宜选取生长健壮枝条作插穗,约 3 周可生根。

【园林应用】苏丹凤仙花茎叶光滑,花朵繁多,花期悠长,尤其适宜用作盆花生产,南方温暖地区可露地半阴栽培,布置花坛、花境以及庭院等。

图 11.84　苏丹凤仙花　　　　　　　　　图 11.85　苏丹凤仙花

11.23　爵床科 Acanthaceae

网纹草属 *Fittonia*

网纹草 *Fittonia albivenis*（Veitch）Brummitt

【别名】银网草。

【形态特征】多年生常绿草本,植株低矮,高 5 ~ 20 cm,呈匍匐状蔓生,全株密被茸毛。叶长 3 ~ 4 cm,宽 2 ~ 3 cm,十字对生,卵形或椭圆形,翠绿色,叶脉呈银白色,呈网状。顶生穗状花序,花黄色。

【分布习性】网纹草原产南美各地,现国内多有栽培。喜高温多湿和半阴环境,忌阳光直射和干旱、干燥环境,也怕积水,适生于富含腐殖质的砂质壤土。

【繁殖栽培】网纹草以扦插、分株繁殖为主。扦插繁殖周年均可进行,以 5—9 月温度稍高效果最好。分株繁殖宜选择茎叶茂密的植株,剪取其已生出不定根的匍匐茎栽植即可。

【园林应用】网纹草姿态轻盈,植株小巧玲珑,叶脉纹理清晰,尤其适宜盆栽美化窗台、阳台和居室,也可盆栽布置花坛、花境等。

图 11.86 网纹草

图 11.87 网纹草

11.24 芭蕉科 Musaceae

芭蕉属 *Musa*

芭蕉 *Musa basjoo* Sieb. et Zucc.

【别名】大蕉。

【形态特征】常绿大型草本,植株高 2.5 ~ 4 m。叶长圆形,长 2 ~ 3 m,宽 25 ~ 40 cm,先端钝,基部圆形或不对称,叶面鲜绿色,有光泽。叶柄粗壮,长达 30 cm。花序顶生、下垂,浆果三棱状,长圆形,长 5 ~ 7 cm,具 3 ~ 5 棱,近无柄,肉质。

【分布习性】芭蕉产于亚洲热带地区,我国长江流域及以南地区多有分布。性喜温暖湿润环境,耐寒力弱,耐半阴,适应性较强,生长较快。在土层深厚、疏松肥沃和排水良好的壤土中生长较好。

【繁殖栽培】芭蕉主要通过分株法进行繁殖,宜春季进行。

【园林应用】芭蕉枝叶扶疏似树,质则非木,高舒垂荫,可丛植草坪、庭院、池畔、宅旁等处。

图 11.88 芭蕉

图 11.89 芭蕉

11.25　猪笼草科 Nepenthaceae

猪笼草属 *Nepenthes*

猪笼草 *Nepenthes mirabilis*（Lour.）Druce.

【别名】水罐植物、猪仔笼、雷公壶。

【形态特征】猪笼草属全体物种的总称，食虫植物。多年生常绿草本或半木质化藤本，攀援于树木或者沿地面而生。叶互生，多长椭圆形，全缘，中脉延长呈卷须，末端形成一带笼盖的瓶状或漏斗状捕虫笼，笼内壁光滑，笼形奇特，甚为美观。总状花序，长约 30 cm。花小，略香。蒴果，种子多数。

【分布习性】猪笼草主产热带、亚热带地区，我国华南有栽培。性喜高温高湿及稍荫蔽环境，忌强光直射，不耐低温寒冷。

【繁殖栽培】猪笼草常用扦插、压条或播种方式进行繁殖。

【园林应用】猪笼草叶端形成之猪笼色彩多变，形态奇特，尤其适宜盆栽悬挂室内、阳台、篱垣等处观赏。

图 11.90　猪笼草

图 11.91　猪笼草

11.26　柳叶菜科 Onagraceae

倒挂金钟属 *Fuchsia*

倒挂金钟 *Fuchsia hybrida* Hort. ex Sieb. et Voss.

倒挂金钟

12 球根花卉类

12.1　菊科 Asteraceae

大丽花属 *Dahlia*

大丽花 *Dahlia pinnata* Cav.

【别名】大理花、天竺牡丹、西番莲、地瓜花。

【形态特征】多年生草本,地下部分有粗大纺锤状肉质块根,形似地瓜。茎中空,直立或横卧,多分枝。株高40~150 cm,视品种而异。叶一至二回羽状全裂,上部叶有时不分裂,裂片卵形或椭圆形,无毛,边缘有粗钝锯齿。头状花序顶生,有长梗。花白、红、紫色等,花型多样。瘦果长椭圆形、黑色、扁平。5—6月和9—11月可开花。

【分布习性】大丽花原产墨西哥,现世界各地多有栽培,种类及品种繁多。喜高燥凉爽、阳光充足和通风良好的环境,喜半阴,畏酷暑、不耐严寒、不耐水涝。适宜栽培于土壤疏松、排水良好的肥沃砂质壤土中。

【繁殖栽培】大丽花的分株繁殖宜早春进行,将块根及附着于根颈上的芽切割成块,切口可涂草木灰防腐,另行栽植即可。扦插多于夏季进行,剪取侧芽作插穗,较易成活,3周左右可生根。播种繁殖可将秋季采收的种子贮藏至翌年早春播种。

【园林应用】大丽花花色艳丽,花型多变,是世界名花之一,适宜配植花坛、花境或庭院丛植,矮生品种可作盆栽观赏。

图 12.1　大丽花

图 12.2　大丽花

12.2　鸢尾科 Iridaceae

1) 唐菖蒲属 *Gladiolus*

唐菖蒲 *Gladiolus gandavensis* Van Houtte

【别名】菖兰、剑兰、扁竹莲、十样锦、十三太保。

【形态特征】多年生草本,地下部分球茎扁圆球形,直径2.5～5 cm,株高60～150 cm。茎粗壮而直立,叶基生或在花茎基部互生,剑形,长40～60 cm,宽2～4 cm,顶端渐尖,抱茎互生,嵌迭状排成2列,灰绿色。蝎尾状聚伞花序顶生,长25～35 cm,着花12～24朵,通常排成2列,侧向一边,少数四面着花。花冠筒漏斗状,色彩丰富,有白、黄、粉、红、紫、蓝等深浅不一的单色或复色,或具斑点等。蒴果椭圆形或倒卵形。花期7—9月,果期8—10月。

【分布习性】唐菖蒲原产非洲、欧亚等地,我国各地均有栽培,种类和品种甚多。喜温暖湿润、夏季凉爽之气候,较耐寒,不耐高温,怕闷热,适生于深厚、肥沃、疏松而排水良好的砂质壤土。

【繁殖栽培】唐菖蒲以分株繁殖为主,可分离仔球,也可将母球切割成数块进行栽植。唐菖蒲长期无性繁殖易导致品种混杂及品性退化,宜定期组织培养脱毒,以利苗木复壮。

【园林应用】唐菖蒲花色丰富,花型独特,是世界著名切花之一,也可布置花坛、花境以及盆栽观赏等。

图 12.3　唐菖蒲

图 12.4　唐菖蒲

2) 香雪兰属 *Freesia*

香雪兰 *Freesia refracta* klatt

香雪兰

12.3　美人蕉科 Cannaceae

美人蕉属 Canna

(1)大花美人蕉 *Canna* × *generalis* Linn. H. Bailey et. E. Z. Bailey

【别名】红艳蕉。

【形态特征】多年生草本植物,是多种源杂交的栽培种。株高可达 80～150 cm,根状茎肥大肉质,茎叶被蜡质白粉。叶大、全缘、粉绿、亮绿色,也有黄绿镶嵌的花叶品种,椭圆状披针形,螺旋状排列,有明显的中脉和羽状平行脉,叶柄呈鞘状抱茎。总状花序,花径 10～20 cm,有乳白、黄、橘红、粉红、大红至紫红色等。花期 4—6 月和 9—10 月。

【分布习性】原种分布于美洲热带,现我国各地广泛栽培。喜温暖湿润气候,要求阳光充足,日照时间 7 小时以上的环境。耐湿,但忌积水,不耐寒,怕强风和霜冻。对土壤要求不严,能耐瘠薄。

【繁殖栽培】大花美人蕉可分株、播种法繁殖。播种繁殖于春季进行,播前破壳、温汤浸种催芽,2～3 周即可出芽。分株繁殖可于春季掘出根茎、分割成数块栽植即可。

【园林应用】大花美人蕉叶色翠绿、花色丰富,花朵艳丽,适宜用作花境背景或花坛中心栽植,也可丛植或带状种植于林缘、草地边缘、池畔等处,也可盆栽观赏。

(2)金脉美人蕉 *Canna generalis* 'Striata'

【别名】花叶美人蕉、线叶美人蕉。

　　本种是大花美人蕉的栽培变种,主要区别在于叶片淡黄色,叶脉绿化,叶缘具红边,全缘。分布习性、繁殖栽培及园林应用同大花美人蕉。

图 12.7　大花美人蕉

图 12.8　金脉美人蕉

12.4　姜科 Zingiberaceae

1)姜花属 *Hedychium*

姜花 *Hedychium coronarium* Koen

姜花

2）山姜属 *Alpinia*

艳山姜 *Alpinia zerumbet*（Pers.）Burtt et Smith

【别名】花叶艳山姜、花叶良姜、彩叶姜。

【形态特征】多年生草本植物,株高 1～2 m,具根茎。革质叶片具鞘,长椭圆形,两端渐尖,叶长 50～60 cm,宽 15～20 cm,叶面深绿色,有金黄色富有光泽的纵斑纹。圆锥花序下垂,花蕾包藏于总苞片中,花白色,边缘黄色,花萼近钟形。花期6—7月。

【分布习性】原产东南亚热带、亚热带地区,我国南部城市多有栽培。喜高温多湿环境,喜光,也耐阴,不耐寒,怕霜雪,适生于疏松肥沃及保水性能好的壤土。常见栽培主要是其变种花叶艳山姜（'Variegata'）,观赏价值更高。

【繁殖栽培】分株、播种繁殖。

【园林应用】植株低矮,叶色鲜艳夺目,适宜点缀庭院、公园、林缘、池畔等处,也可盆栽摆放客厅、办公室及厅堂等处。

图 12.11　艳山姜

图 12.12　花叶艳山姜

12.5　石蒜科 Amaryllidaceae

1）葱莲属 *Zephyranthes*

（1）葱莲 *Zephyranthes candida*（Lindl.）Herb.

【别名】葱兰、玉帘、韭菜莲。

【形态特征】多年生常绿球根花卉,株高 10～20 cm。鳞茎狭卵形,直径约 2.5 cm,具有明显的颈部。叶基生,狭线形,肥厚,亮绿色,长 20～30 cm,宽 2～4 mm。花茎中空,花单生于花茎顶端,苞片白色膜质,多漏斗状。蒴果近球形,直径约 1 cm。花期7—10月。

【分布习性】葱莲原产南美洲,现在中国各地多有栽培。喜阳光充足环境,耐半阴,适生于肥沃的黏质壤土。

【繁殖栽培】葱莲以分株繁殖、播种繁殖均可。

【园林应用】葱莲株丛低矮、终年常绿、花朵繁多,适用于林下、边缘或半阴处作地被,也可作花坛、花境的镶边材料,或丛植草坪,也可盆栽供室内观赏。

图 12.13　葱莲　　　　　　　　　　　图 12.14　葱莲

（2）韭莲 *Zephyranthes carinata* Herbert

【别名】韭兰、风雨花、红花葱兰、肝风草、韭菜莲、韭菜兰。

【形态特征】多年生草本，鳞茎卵球形，直径 2～3 cm。基生叶常数枚簇生，线形，扁平，长 15～30 cm，宽 6～8 mm，形似韭菜。花单生于花茎顶端，总苞片常带淡紫红色，花玫瑰红色或粉红色。蒴果近球形，种子黑色。花期 4—9 月。

【分布习性】韭莲原产南美洲，我国南北都有引种栽培。生性强健，喜温暖湿润环境，但也较耐寒、耐干旱，怕水淹。适生于土层深厚、地势平坦、排水良好的壤土。适应能力和抗病虫能力强，耐粗放管理。

【繁殖栽培】同葱莲。

【园林应用】韭莲植株低矮，花色鲜艳，可作花坛、花境或者草地的镶边材料，也可盆栽观赏。

图 12.15　韭莲　　　　　　　　　　　图 12.16　韭莲

2）水仙属 *Narcissus*

水仙 *Narcissus tazetta* var. *chinensis* M. Roener

【别名】中国水仙、凌波仙子、金盏银台、落神香妃、玉玲珑。

【形态特征】鳞茎卵球形，外被褐色皮膜。叶宽线形，扁平，长 20～60 cm，宽 1.5～4 cm，先端钝圆，全缘，粉绿色。花葶自叶丛中抽出，中空，筒状或扁筒状。一般每球抽生 1～2 枝花葶，每葶着花 3～11 朵，呈伞房花序状，花白色，芳香。花期 1—2 月。

【分布习性】我国东南、华中、华东、西南等地有栽培，盆栽观赏遍布国内。喜温暖湿润气候及阳光充足环境。生性强健，能耐半阴，尤喜冬无严寒夏无酷暑，春秋多雨环境。对土壤要求不严，以疏松肥沃、土层深厚的壤土最佳。

【繁殖栽培】水仙鳞茎易生仔球,分离栽植即分株繁殖。水仙也可组培繁殖。

【园林应用】水仙株丛低矮清秀,花型奇特,花色淡雅芳香,尤其适宜盆栽置放案头、窗台观赏,也可布置花坛、花境等。

图 12.17　水仙

图 12.18　水仙

3）文殊兰属 *Crinum*

文殊兰 *Crinum asiaticum* var. *sinicum*（Roxb. ex Herb.）Baker

文殊兰

4）水鬼蕉属 *Hymenocallis*

蜘蛛兰 *Hymenocallis speciosa* Salisb.

【别名】美丽水鬼蕉。

【形态特征】多年生常绿草本,有鳞茎。叶数枚,基生,抱茎,椭圆形至长圆状椭圆形,长可达75 cm,宽 2.5～6 cm,深绿色,先端急尖。花葶硬、扁平,高 30～80 cm。伞形花序顶生,着花 7～12 朵,花径约 20 cm,花被裂片窄,长达 11 cm,形如蜘蛛,绿白色,有香气。花期夏秋季节。

【分布习性】蜘蛛兰原产美洲,我国南方多有栽培。性强健,喜温暖湿润气候,不耐寒。喜肥沃黏质壤土。

【繁殖栽培】蜘蛛兰以分株繁殖为主,于春季结合换盆进行,分球栽植即可。

【园林应用】蜘蛛兰姿态健美,适应能力强,可丛植庭院、草地、林缘等处,或布置花境、花坛,也可盆栽观赏。

图 12.21　蜘蛛兰

图 12.22　蜘蛛兰

5）朱顶红属 *Hippeastrum*

朱顶红 *Hippeastrum rutilum*（Ker-Gawl.）Herb.

【别名】柱顶红、孤梃花、华胄兰、百子莲。

【形态特征】多年生草本，鳞茎近球形，直径5~8 cm。叶6~8枚，鲜绿色，宽带形，略肉质，与花同时或花后抽出。长约30 cm，基部宽约2.5 cm。花茎自叶丛中抽出，中空，稍扁，高约40 cm，具有白粉。伞形花序，有花3~6朵，花漏斗状，梗纤细且短。花色鲜红或带白色，有时也有白色条纹。花期夏季。

【分布习性】朱顶红原产南美之巴西、秘鲁等地，我国南方多有栽培，现园艺品种较多。性喜温暖、湿润气候，不喜酷热，不喜强光直射，怕水涝。适生于富含腐殖质、排水良好的微酸性砂质壤土。

【繁殖栽培】同文殊兰。

【园林应用】朱顶红姿态丰润，花大色艳，适宜丛植庭院、草坪、角隅、池畔等，也可布置花坛、花境，或盆栽装点居室、厅堂等处。

图 12.23　朱顶红

图 12.24　朱顶红

12.6　百合科 Liliaceae

1）百合属 *Lilium*

百合 *Lilium brownii* var. *viridulum* Baker

百合

2）郁金香属 *Tulipa*

郁金香 *Tulipa gesneriana* Linn.

【别名】洋荷花、草麝香、荷兰花。

【形态特征】多年生草本,<u>直立性强</u>,株高 20~40 cm。鳞茎卵形,直径约 2 cm。叶 3~5 枚,长椭圆状披针形至卵状披针形,长 10~20 cm,宽 1~6.5 cm。花葶高 6~10 cm,花单生茎顶,单瓣、重瓣均有,有杯状、碗状、漏斗状、百合花状等花型,大且直立。花色多样,有白、粉红、洋红、紫、褐、黄、橙等,深浅不一,单色或复色。

【分布习性】郁金香原产地中海沿岸及中亚细亚等地,历史悠久,栽培种类及品质非常多,世界各地广泛栽培。性喜向阳、避风,冬季温暖湿润,夏季凉爽干燥的气候,耐寒性很强,但怕酷暑。要求腐殖质丰富、疏松肥沃、排水良好的微酸性砂质壤土,忌碱土和连作。

【繁殖栽培】郁金香常分球繁殖,即将母球分生出的仔球分级种植。也可播种繁殖,即将种子砂藏至秋季播种。

【园林应用】郁金香株型刚劲挺拔,叶色素雅秀丽,花朵端庄动人,是世界著名球根花卉,最宜用作切花,也可布置花坛、花境或<u>丛</u>植草地以及盆栽观赏等。

图 12.27　郁金香

图 12.28　郁金香

12.7　毛茛科 Ranunculaceae

毛茛属 *Ranunculus*

花毛茛 *Ranunculus asiaticus* Linn.

【别名】芹菜花、波斯毛茛。

【形态特征】多年生草本,株高 20~40 cm,块根纺锤形,长 1.5~3 cm,粗不及 1 cm,常数个聚生根茎部,似大丽花块根而形小。茎单生或少数分枝,有毛。基生叶阔卵形、椭圆形或三出状,缘具齿,具长柄。茎生叶羽状细裂,无柄。花单生或数朵顶生,径 3~5 cm,花瓣 5 至数十枚,有重瓣、半重瓣等花型。花色丰富,有红、黄、紫、白、褐色等。花期 4—5 月。

【分布习性】花毛茛原产欧洲东南部及亚洲西南部,种类品种甚多,世界各地均有栽培。喜凉爽及半阴环境,忌炎热、较耐寒,宜种植于排水良好、肥沃疏松的砂质或略黏质壤土。

【繁殖栽培】花毛茛多以分株、播种繁殖或组织培养方式进行繁殖。分株繁殖多在秋季进行,将块根带根茎瓣开栽植即可。播种繁殖宜秋季进行,适温 10 ~ 15 ℃,约 3 周可萌芽。

【园林应用】花毛茛株型低矮,色泽艳丽,可布置花坛、花境,点缀草坪、林缘等处,也可盆栽观赏及用于鲜切花生产。

图 12.29 花毛茛

图 12.30 花毛茛

12.8 报春花科 Primulaceae

仙客来属 *Cyclamen*

仙客来 *Cyclamen persicum* Mill.

【别名】萝卜海棠、兔耳花、一品冠。

【形态特征】多年生草本,块茎扁球形、肉质,直径通常 4 ~ 5 cm,具木栓质的表皮,棕褐色,顶部稍扁平。叶和花葶同时自块茎顶部抽出,叶丛生,心脏状卵形,边缘具大小不等的圆齿牙,表面深绿色具白色斑纹。叶柄肉质,褐红色,长 5 ~ 18 cm。花葶高 15 ~ 20 cm,花大、单生,花瓣 5 枚,开花时花瓣向上反卷而扭曲,形似兔耳。花色有白、粉、玫红、紫红、大红等色,基部常有深红色斑。花期较长,冬春较多。

【分布习性】仙客来原产地中海沿岸,现已广为栽培。种类及品质甚多。性喜凉爽、湿润及阳光充足环境,怕炎热,较耐寒。适生于富含腐殖质的肥沃砂质壤土。对 SO_2、Cl_2 等有毒有害气体有较强的抵抗能力。

【繁殖栽培】仙客来以播种、分株繁殖为主。播种繁殖,宜将种子贮藏至秋季播种,播前宜浸种催芽。分株繁殖多于秋季块茎萌动前进行,将块茎自顶部纵切分成数块,每块均须带有芽眼,将切口涂以草木灰,稍微晾干后栽植即可。

【园林应用】仙客来植株烂漫多姿,花形奇特,娇艳夺目,是冬春季节优美的名贵盆花,适宜盆栽布置会场、大厅,或置于室内点缀几架、书桌等,也可用作切花生产。

图 12.31 仙客来

图 12.32 仙客来

12.9 苦苣苔科 Gesneriaceae

大岩桐属 *Sinningia*

大岩桐 *Sinningia speciosa* Benth. et Hook.

【别名】落雪泥。

【形态特征】多年生草本,块茎扁球形,地上茎极短,株高 15～25 cm,全株密被白色茸毛。叶对生,肥厚而大,卵圆形或长椭圆形,缘有钝锯齿。花梗自叶间伸出,花顶生或腋生,花冠钟状,先端浑圆,裂片 5,矩圆形,径 6～7 cm。花色丰富,有粉红、红、紫蓝、白、复色等,也常见白色镶边品种,夏季开花。

【分布习性】大岩桐原产巴西,现各地广泛栽培,栽培类型及品种较多。性喜温暖湿润及半阴环境,要求空气湿度大,忌强光直射,不耐寒。适生于富含腐殖质的疏松、肥沃偏酸性砂质壤土。

【繁殖栽培】大岩桐以分株繁殖为主。如需获取种子进行播种繁殖,需人工授粉。

【园林应用】大岩桐花大色艳,花期又长,尤适盆栽布置室内,置于窗台、几案或花架之上,也可布置花坛、花架等。

图 12.33 大岩桐

图 12.34 大岩桐

12.10　天南星科 Araceae

马蹄莲属 *Zantedeschia*

马蹄莲 *Zantedeschia aethiopica*（Linn.）Spreng.

【别名】水芋、观音莲。

【形态特征】多年生粗壮草本,具肥厚肉质的褐色块茎。叶基生,质厚,绿色,心状箭形、箭形或戟形,先端锐尖,有平行脉、全缘,长 15～45 cm,宽 10～25 cm。叶柄长 40～60 cm,下部具鞘。花梗大致与叶等长,顶端着生黄色肉穗花序,有香气,外被白色佛焰苞,呈短漏斗状,喉部开张,先端长尖,反卷。浆果短卵圆形,淡黄色,径约 1 cm。

【分布习性】马蹄莲原产非洲南部河流旁或沼泽地中,现各地多有栽培。喜温暖湿润及阳光充足环境,不耐寒,喜水湿,极不耐干旱。适生于疏松肥沃、保水性能好的微酸性砂质壤土。

【繁殖栽培】马蹄莲以分球繁殖为主,于植株进入休眠后,截取块茎四周仔球另行栽植即可。播种繁殖多随采随播,发芽适温 15～25 ℃。

【园林应用】马蹄莲株型雅致挺秀,花苞洁白如马蹄,适宜切花用作花束、花篮、花环和瓶插等,也可盆栽摆放台阶、窗台、几案、镜前等或配植庭园,尤适丛植池畔、溪旁等处。

图 12.35　马蹄莲

图 12.36　马蹄莲

12.11　番杏科 Aizoaceae

日中花属 *Mesembryanthemum*

心叶日中花 *Mesembryanthemum cordifolium* Linn. F.

【别名】牡丹吊兰、花蔓草、心叶冰花、露草、太阳玫瑰、羊角吊兰、樱花吊兰。

【形态特征】多年生常绿蔓性肉质草本,枝长可达 20 cm。叶对生,肉质肥厚、鲜亮青翠。枝条有棱角,伸长后呈半葡萄状。枝条顶端开花,花深玫瑰红色,中心淡黄,形似菊花,瓣狭小,具有光泽,自春至秋陆续开放。

【**分布习性**】心叶日中花原产南非,现我国热带、亚热带有栽培。喜阳光,宜干燥、通风环境。忌高温多湿,喜排水良好的砂质壤土。

【**繁殖栽培**】心叶日中花以扦插、分株繁殖为主。

【**园林应用**】心叶日中花生长迅速,枝叶茂密,花期长,宜作垂吊花卉栽培,供家庭阳台和室内向阳处布置,也可用于布置沙漠景观。

图 12.37　心叶日中花

图 12.38　心叶日中花

13 水生花卉类

13.1　莲科 Nelumbonaceae

莲属 *Nelumbo*

莲 *Nelumbo nucifera* Gaertn.

【别名】荷花、莲花、水芙蓉、芙蕖、中国莲。

【形态特征】多年生水生草本,挺水植物。根状茎横生水底之泥中,肥厚,节间膨大,内有多数纵行通气孔道,节部缢缩,着生黑色鳞叶及须状不定根,并由此抽生叶、花梗及侧芽。叶盾状圆形,全缘或稍波状,直径25~90 cm,表面深绿色,被蜡质白粉,背面灰绿色。叶柄粗壮,圆柱形,散生小刺,中空。花单生于花梗顶端,直径10~20 cm,美丽,芳香。有单瓣、复瓣、重瓣等花型,有白、粉、深红、淡紫、黄等颜色。坚果椭圆形或卵形。花期6—9月,果期8—10月。

【分布习性】莲在亚热带、温带地区广泛栽培。性喜阳光充足及温暖环境,耐寒性较强,不耐阴,适生于静水或缓流之浅水、湖沼、泽地、池塘等处。

【繁殖栽培】莲以分藕、播种繁殖为主。分藕繁殖可在春季进行,须避开寒潮。栽插前,盆泥要和成糊状,出芽后逐渐加深水位。播种前要破壳、浸种催芽,约1周出芽,2周后生根移栽。

【园林应用】莲花叶清秀,清香四溢,是我国传统名花,是良好的水景植物,可美化水体、点缀亭榭,或盆栽观赏。

图 13.1　莲

图 13.2　莲蓬

13.2　睡莲科 Nymphaeaceae

1) 睡莲属 *Nymphaea*

睡莲 *Nymphaea tetragona* Georgi

【别名】子午莲、粉色睡莲。

【形态特征】多年生水生草本植物,块状根茎肥厚,生于泥中。叶丛生并浮于水面,圆形或卵圆形,全缘或有齿,质稍厚,正面浓绿色,背面略紫红色。叶柄圆柱形,细长。花较大、单生花梗顶端,多浮于水面。花瓣多数,有白、粉、黄、紫红、浅蓝等色。果实倒卵形,长约3 cm。花期5—8月。

【分布习性】睡莲品种多,以原产北非和东南亚热带地区为主,各地广泛栽培。喜阳光充足、通风良好、水质清洁、温暖的静水环境,适生于富含有机质的黏质壤土。

【繁殖栽培】睡莲以分株、播种繁殖为主。分株繁殖,耐寒种多在早春发芽前进行,不耐寒种可于春末夏初进行。如行播种繁殖,可于果实成熟前用纱布袋包裹,种子收集到后于水中贮存,翌年春季播种、覆土、灌水,确保水面高出盆土3~4 cm。适温25~30 ℃,约2周发芽,次年可花。

【园林应用】睡莲花型及花色丰富,适宜点缀水面,也可盆栽观赏或作切花。

图 13.3　睡莲

图 13.4　睡莲

2) 王莲属 *Victoria*

王莲 *Victoria amazonica*（Poepp.）Sowerby

王莲

3) 萍蓬草属 *Nuphar*

萍蓬草 *Nuphar pumilum*（Timm.）de Candolle

萍蓬草

13.3　千屈菜科 Lythraceae

千屈菜属 *Lythrum*

千屈菜 *Lythrum salicaria* Linn.

【别名】水枝柳、水柳、对叶莲。

【形态特征】多年生挺水植物,株高30~100 cm。根茎横卧于地下,粗壮、木质化。地上茎直立,四棱形,多分枝。全株青绿色,略被粗毛或密被茸毛。单叶对生或三叶轮生,披针形或阔披针形,长4~10 cm,先端钝形或短尖,全缘,无柄。穗状花序顶生,小花紫红色。蒴果扁圆形。花期7~9月。

【分布习性】千屈菜原产欧亚之温带地区,我国南北均有野生及栽培。喜强光、潮湿及通风良好环境,河岸、湖畔、溪沟边和潮湿草地等处生长最好。耐寒性强,对土壤要求不严,以土层深厚、富含腐殖质的壤土为宜。

【繁殖栽培】千屈菜以分株繁殖为主,也可播种或扦插繁殖。早春或秋季分株,春季播种及嫩枝扦插。

【园林应用】千屈菜株丛整齐清秀,花色淡雅,适宜浅水岸边丛植或池中栽植,也可用作花境材料及切花或盆栽观赏。

图13.7 千屈菜

图13.8 千屈菜

13.4 菖蒲科 Acoraceae

菖蒲属 *Acorus*

菖蒲 *Acorus calamus* Linn.

【别名】泥菖蒲、水菖蒲、大叶菖蒲。

【形态特征】多年生挺水植物。根茎横卧泥中,稍扁,有分枝,芳香。叶二列状着生,剑状线形,先端尖,基部鞘状,对折抱茎。中脉明显并两面隆起,边缘稍波状。叶揉碎后有香味。花茎似叶稍细,长20~50 cm,短于叶丛。圆柱状长锥形肉穗花序,叶状佛焰苞长30~40 cm,花小,黄绿色,浆果长圆形、红色。花期6~9月。

【分布习性】菖蒲原产我国及日本,广布世界温带、亚热带地区。喜冷凉湿润气候及阴湿环境,不甚耐寒,忌干旱。在华北地区呈宿根状,冬季地上部分枯死,次年重新萌生枝叶。

常见栽培变种有金线菖蒲('Ogan'),叶具黄色条纹。

【繁殖栽培】菖蒲以分株繁殖为主,早春或生长期掘取地下茎、洗干净,去除老根、枯叶,切割成数块,每块有3~4个新芽,分栽即可。

【园林应用】菖蒲叶丛翠绿,端庄秀丽,具有香气,适宜丛植湖岸、池畔等水景周边配植,也可盆栽观赏或用作插花材料。

图 13.9　菖蒲

图 13.10　金叶石菖蒲

13.5　天南星科 Araceae

大藻属 *Pistia*

大藻 *Pistia stratiotes* Linn.

【别名】肥猪草、水白菜、水芙蓉。

【形态特征】多年生浮水植物,根须发达呈羽状,垂悬于水中。主茎短缩,叶簇生其上呈莲座状,匍匐茎自叶腋间向四周伸出,茎顶端发出新植株,有白色成束的须根。叶倒卵状楔形,长 2～8 cm,顶端钝圆而呈微波状,两面有白色细毛。花序腋生,总花梗短,佛焰苞长约 1.2 cm,白色,背面生毛。花期 6—7 月。

【分布习性】大藻主要分布于亚洲、美洲、非洲的热带及亚热带地区。喜高温湿润气候,不甚耐严寒,较喜肥。有较强的净化水体能力。

【繁殖栽培】大藻繁殖力极强,尤其在湖泊、水库、沟渠中极易繁殖。

【园林应用】大藻植株秀丽,叶形美观,适宜点缀水面,也可盆栽观赏。大藻是入侵植物之一,过量繁殖容易影响水体生态系统,要控制其生长范围。

图 13.11　大藻

图 13.12　大藻

13.6 泽泻科 Alismataceae

慈姑属 *Sagittaria*

（1）野慈姑 *Sagittaria trifolia* Linn.

（2）欧洲慈姑 *Sagittaria sagittifolia* Linn.

野慈姑　　　　欧洲慈姑

13.7 雨久花科 Pontederiaceae

1）凤眼莲属 *Eichhornia*

凤眼莲 *Eichhornia crassipes*（Mart.）Solme

【别名】凤眼蓝、水葫芦、水浮莲。

【形态特征】多年生漂浮植物，株高 30～60 cm。须根发达，棕黑色，长达 30 cm，悬垂水中。茎极短，具长匍匐枝，匍匐枝淡绿色或带紫色，与母株分离后可成新植株。叶倒卵状圆形或卵圆形，全缘，具弧形脉，表面深绿色，光亮，质地厚实，两边微向上卷，顶部略向下翻卷，基部丛生，莲座状排列。叶柄细长，中下部膨胀呈葫芦状海绵质气囊。花茎单生，高 20～30 cm，近中部有鞘，顶端着生短穗状花序。小花堇紫色，径约 3 cm。花期 7—10 月，果期 8—11 月。

【分布习性】凤眼莲原产南美洲，现我国各地多有栽培。喜温暖湿润气候及阳光充足环境，适应性很强，有一定耐寒能力，繁殖迅速。适生于浅水、静水中，净化污水能力强。

【繁殖栽培】凤眼莲繁殖能力极强、速度极快，夏季可切离其匍匐枝和母枝另行栽植，也可播种繁殖。

【园林应用】凤眼莲株型奇特，叶色青翠，花色美丽，适宜配植池隅等处，也可盆栽观赏。凤眼莲是主要入侵物种之一，园林中利用时要控制其生长范围。

图 13.14　凤眼莲

图 13.15　凤眼莲

2）梭鱼草属 *Pontederia*

梭鱼草 *Pontederia cordata* Linn.

【别名】北美梭鱼草、海寿花。

【形态特征】多年生挺水或湿生草本植物，株高 80～150 cm。叶柄绿色，圆筒形，叶较大，倒卵状披针形，长可达 25 cm，宽可达 15 cm，深绿色。花葶直立，通常高出叶面。穗状花序顶生，长 5～20 cm，小花密集，蓝紫色带黄斑点。果实初期绿色，成熟后褐色。花果期 5—10 月。

【分布习性】梭鱼草原产北美，现在我国南北均有分布。喜温暖湿润气候及光照充足且潮湿环境，怕风、不耐寒，适生于静水及水流缓慢的水域中。生长迅速，繁殖能力强。

【繁殖栽培】梭鱼草多以分株或播种方式进行繁殖。分株繁殖可在春夏两季进行，自植株基部切开分栽即可。播种繁殖多在春季进行，发芽适温 20～25 ℃。

【园林应用】梭鱼草叶形秀美，适应能力强，可用于河道两侧、池畔及人工湿地造景之用，也可盆栽观赏。

图 13.16　梭鱼草

图 13.17　梭鱼草

13.8　莎草科 Cyperaceae

1）莎草属 *Cyperus*

（1）风车草 *Cyperus involucratus* Rottboll

【别名】旱伞草、伞草、水棕竹。

【形态特征】多年生湿生、挺水植物，株高 40～150 cm。茎秆丛生、三棱形，直立无分枝。叶鞘状，叶状苞片呈螺旋状排列于茎秆顶端，向四面辐射开展，扩散呈伞状。聚伞花序，有多数辐射枝，每个辐射枝端常有 4～10 个二次分枝。花期 4—6 月，果期 9—10 月。

【分布习性】风车草原产非洲，世界各地广泛栽培。性喜温暖、阴湿及通风良好环境。适应性强，对土壤要求不严格，不耐寒冷及干旱。

【繁殖栽培】风车草以分株、播种繁殖为主。分株繁殖可在春季进行，将老株丛切割数小株分栽即可。播种繁殖宜春季撒播，适温 20～25 ℃，2～3 周可发芽。

【园林应用】风车草株丛繁密,叶形奇特,可配植于溪流、岸边以及点缀假山假石缝隙等处,也可盆栽观赏。

图13.18　风车草　　　　　　　　　图13.19　风车草

（2）纸莎草 *Cyperus papyrus* Linn.

【别名】纸草、埃及莎草、蒲草。

【形态特征】多年生常绿草本植物,茎秆直立丛生、三棱形、不分枝。叶退化成鞘状,棕色,包裹茎秆基部。总苞叶状,顶生,带状披针形。花小,淡紫色,花期6—7月。

【分布习性】纸莎草原产欧洲南部、非洲北部等地,我国华南、东西、西南等地有栽培。适应能力强,喜阳光充足环境,叶略耐阴,不耐低温,尤喜沼泽、浅水湖和溪畔等潮湿环境,有较强的防治水体污染能力。

【繁殖栽培】纸莎草以根状茎分株繁殖为主,也可播种繁殖,全年均可,以春、秋季为佳。

【园林应用】纸莎草茎顶分枝成球状,株型优美,适宜庭园、公园水景边缘种植,丛植、片植均可,也可用作切花。

图13.20　纸莎草　　　　　　　　　图13.21　纸莎草

2）水葱属 *Schoenoplectus*

水葱 *Schoenoplectus tabernaemontani*（C. C. Gmelin）Palla

【别名】莞、葱蒲、翠管草、冲天草。

【形态特征】多年生挺水植物。地下横走根茎粗壮。地上茎直立,圆柱状,中空,高 50 ~ 120 cm,绿色。叶褐色,鞘状,生于茎基部。聚伞花序顶生,稍下垂,由许多卵圆形小穗组成。小花淡黄褐色,下具苞片。花果期 6—9 月。

【分布习性】水葱种类甚多,广布全世界,我国约有 40 种,南北均有分布。生性强健,喜生于湖、池水岸及沼泽或湿地草丛等浅水域中。有一定的抗污染及净化水体能力。常见栽培变种有花叶水葱（'Variegata'）。

【繁殖栽培】水葱分株繁殖可于早春气温回升时,将越冬苗掘出分割成数丛,每丛 5 ~ 8 茎秆。播种繁殖常于春季进行,适温 20 ~ 25 ℃,3 周左右即可生根发芽。

【园林应用】水葱株丛挺立,色泽淡雅,可布置水景,甚为美观,也可盆栽观赏。

图 13.22　水葱

图 13.23　花叶水葱

13.9　香蒲科 Typhaceae

香蒲属 *Typha*

香蒲 *Typha orientalis* Presl

【别名】长苞香蒲、水蜡烛、鬼蜡烛。

【形态特征】多年生挺水植物,地下根茎粗壮、匍匐。地上茎直立,细长圆柱形,不分枝,高可达 2 m。叶自茎基部抽出,灰绿色,二列状着生,长带形,长 40 ~ 100 cm,宽 4 ~ 9 cm,向上渐细,先端圆钝,基部鞘状抱茎。穗状花序呈蜡烛状,浅褐色。花果期 5—8 月。

【分布习性】香蒲产于我国,现各地广泛分布。适应能力强,喜光、耐寒,适生于深厚肥沃泥土,最宜生长于沟塘、池沼之浅水处。

【繁殖栽培】香蒲多行分株繁殖。春季挖起根茎,切割成数株,每株带有须根,植于浅水处即可。

【园林应用】香蒲叶丛细长,色泽光洁,适宜点缀水池、湖畔构景,也可盆栽布置庭院。

图 13.24　香蒲

图 13.25　香蒲

13.10　小二仙草科 Haloragaceae

狐尾藻属 *Myriophyllum*

狐尾藻 *Myriophyllum verticillatum* Linn.

【**别名**】轮叶狐尾藻、粉绿狐尾藻、凤凰草。

【**形态特征**】多年生草本。根状茎发达,在水底泥中蔓延,节部生根。茎圆柱形,多分枝。叶鲜绿色,轮生或互生,长 4~5 cm,丝状全裂,无叶柄。花单性,雌雄同株或杂性,无柄。果广卵形,长约 3 mm。

【**分布习性**】狐尾藻在世界各地广泛分布,喜温暖水湿、阳光充足的气候及环境,不耐寒。

【**繁殖栽培**】狐尾藻以扦插繁殖为主,也可播种、分株繁殖。扦插繁殖常在春夏季节剪取 5~10 cm 长的茎段作插穗。播种繁殖宜春播,发芽适温 20~25 ℃,幼苗能飘浮水面,可随水传播。

【**园林应用**】狐尾藻株型美观,叶色青翠,适宜喷泉、池塘、河沟、沼泽等地造景之用。

图 13.26　狐尾藻

图 13.27　狐尾藻

13.11　禾本科 Poaceae

芦竹属 *Arundo*

芦竹 *Arundo donax* Linn.

【**别名**】荻芦竹、江苇。

【**形态特征**】多年生高大草本,具发达的根状茎。秆粗大直立,高 1～3 m,常有分枝,茎节有白粉。叶带状披针形,长 30～50 cm,宽 3～5 cm,叶面及边缘粗糙,基部微收缩紧接叶鞘,叶鞘圆筒形,叶舌极短。圆锥花序顶生,长 30～60 cm,疏散多分枝。小穗长 1～1.2 cm,具小花 4～7 朵。

【**分布习性**】芦竹在温带地区广泛分布,我国南北均有。常见栽培有花叶芦竹(var. *versicolor*)等。适应能力强,喜温暖及水湿环境,耐寒、耐旱、耐瘠薄及盐碱土地。

【**繁殖栽培**】芦竹以分株繁殖为主,也可扦插、播种繁殖。分株多于早春用利铲沿植物四周分切数丛,每丛带芽 4～5 个,随后移植即可。扦插可在春季剪取带节茎秆作插穗进行。

【**园林应用**】芦竹春夏叶丛翠绿,秋冬大型花穗随风摇曳,可植于池塘、湖岸及庭院水边等处,花穗也可用作切花。

图 13.28　芦竹

图 13.29　花叶芦竹

13.12　美人蕉科 Cannaceae

美人蕉属 *Canna*

粉美人蕉 *Canna glauca* Linn.

【**别名**】水生美人蕉、佛罗里达美人蕉。

【**形态特征**】多年生大型草本植物,株高 1～2 m。根状茎细小,节间较长。叶长披针形,蓝绿色。总状花序顶生,多花。花大,径约 10 cm,有黄、红或粉红等色。花期 4—10 月,温暖地区可全年开花。同属常见栽培观赏价值较高的尚有紫叶美人蕉(*Canna warszewiczii* A. Dietr.)。

【分布习性】粉美人蕉原产北美等地,我国多地有引种栽培。生性强健,适应性强,喜光、怕强风,不耐寒。适生于潮湿及浅水等处,喜肥沃的砂质壤土,有较好的净化空气与水体的能力。

【繁殖栽培】粉美人蕉以播种、分株繁殖为主。播种繁殖宜春季进行,播前须破壳后温汤浸种。分株繁殖可于春季取出块茎,清除杂物后分割成数块,每块须具2~3个健壮的芽,分栽即可。

【园林应用】粉美人蕉叶茂花繁,花色艳丽而丰富,适合配植湿地边缘之浅水域造景,可点缀水池中,也可庭院丛植观花观叶,或用作切花。

图13.30 粉美人蕉

图13.31 紫叶美人蕉

13.13 五加科 Araliaceae

天胡荽属 *Hydrocotyle*

野天胡荽 *Hydrocotyle vulgaris* Linn.

【别名】铜钱草、金钱草、显脉香菇草、香菇草。

【形态特征】多年生草本,株高5~15 cm,走茎发达,节处生根和叶,茎顶端呈褐色。叶圆形或盾形,直径2~4 cm,边缘波状,草绿色,具长柄。伞形花序,小花白粉色。花期6—8月。

【分布习性】野天胡荽原产欧洲,现广泛分布热带、亚热带地区。适应能力强,喜温暖潮湿及半阴环境,忌阳光直射,稍耐旱。适生于松软潮湿的土壤,也可水培。生性强健,种植容易,繁殖迅速,水陆皆可种植。

【繁殖栽培】野天胡荽以扦插繁殖为主,也可分株、播种繁殖。扦插多在春季进行,保持基质湿润,1~2周即可生根。

【园林应用】野天胡荽株型美观、叶形独特、叶色青翠,适宜配植水池、湿地,也可盆栽观赏。

图 13.32 野天胡荽   图 13.33 野天胡荽

13.14 竹芋科 Marantaceae

水竹芋属 Thalia

再力花 *Thalia dealbata* Fraser ex Roscoe

【别名】水竹芋、水莲蕉、塔利亚。

【形态特征】多年生挺水植物,株高可达 2 m,全株附有白粉。叶卵状披针形,绿色,形似芭蕉叶。复总状花序,花小,堇紫色。

【分布习性】再力花原产于南美热带,我国有引种栽培。适应能力强,喜温暖水湿及阳光充足环境,不耐寒,耐半阴,怕干旱。适生于潮湿及浅水等处,喜肥沃的砂质壤土,有较好的净化空气与水体能力。

【繁殖栽培】再力花以分株、播种繁殖为主。分株繁殖在早春将生长过密的株丛挖出,选择健壮株丛分别栽植即可。播种繁殖以春播为主,播后保持湿润,适温 15~20 ℃,约 2 周后萌芽。

【园林应用】再力花植株高大美观,叶形硕大,叶色翠绿,是水景绿化之良品,常成片种植于水池或湿地,也可盆栽观赏。

图 13.34 再力花   图 13.35 再力花

14 仙人掌类

14.1 仙人掌科 Cactaceae

1）仙人掌属 *Opuntia*

仙人掌 *Opuntia dillenii*（Ker Gawl.）Haw.

【别名】仙巴掌、观音掌、霸王树、火掌。

【形态特征】多年生丛生肉质灌木植物。株高可达 5 m 以上。茎下部木质,圆柱形,直立,多分枝。茎节扁平,椭圆形,肥厚多肉,刺座内密生黄色刺。幼茎鲜绿色,老茎灰绿色。花单生茎节上部,短漏斗形,鲜黄色。浆果,暗红色。

【分布习性】仙人掌大多原产美洲热带,少数产于亚洲,我国广东、广西南部、四川和海南有分布。仙人掌性强健,喜强烈光照,耐炎热,耐干旱、瘠薄,不耐寒,冬季需保持干燥,忌水涝,对土壤要求不严,以富含腐殖质的壤土为宜。

【繁殖栽培】仙人掌可通过扦插、播种及嫁接繁殖。扦插繁殖除低温寒冷季节外都可进行,尤以5—6 月最为适宜。仙人掌人工授粉后能产生种子,于春秋播种即可。嫁接主要通过髓心接的方式进行。

【园林应用】仙人掌具有嫩绿茎节,常盆栽放置宾馆、商厦、银行等公共场所,很有特色。小型盆栽点缀家庭客室、窗台和书房也十分新奇雅致,别具一格。另外,也可与山石配植,构成热带沙漠景观。

图 14.1　仙人掌

图 14.2　仙人掌

2）仙人指属 *Schlumbergera*

（1）蟹爪兰 *Schlumbergera truncata*（Haw.）Moran

【别名】螃蟹兰、蟹爪莲、锦上添花、仙人花、圣诞仙人掌。

【形态特征】附生性肉质植物，常呈灌木状，多分枝，无叶。茎老时木质化，扁平而无刺，常成簇而悬垂，茎节短小，每一节间矩圆形至倒卵形，顶端截形，两侧各有尖刺，两面中央均有一肥厚中肋，连续生长的节形状如螃蟹副爪，窝孔内有时具少许短刺毛。花单生于先端之茎节处，玫瑰红色，花瓣反卷，左右对称，淡紫红色。花期 12 月至翌年 1 月，有时可延至 5 月。浆果梨形，红色。

【分布习性】蟹爪兰原产巴西，我国南方各地多有栽培。喜温暖湿润的气候条件，忌积水，不耐寒，喜半阴，宜疏松、透气及富含腐殖质的土壤。夏季应适当遮阴，冬季需要充足的光照。

【繁殖栽培】蟹爪兰以嫁接、扦插繁殖为主。嫁接繁殖多以仙人掌为砧木，于春秋两季进行。扦插多于生长季进行，剪取蟹爪兰 3～7 节作插穗，次年即可开花。

【园林应用】蟹爪兰茎节较长，开花时恰逢圣诞节、元旦节，株型垂挂，花色鲜艳可爱，适合布置窗台、门庭入口、展览大厅等处装饰，也可盆栽悬垂观赏。

图 14.3　蟹爪兰

图 14.4　蟹爪兰

（2）仙人指 *Schlumbergera bridgesii*（Lem.）Loefgr.

3）昙花属 *Epiphyllum*

昙花 *Epiphyllum oxypetalum*（DC.）Haw.

【别名】琼花、月下美人、夜会草、韦陀花。

【形态特征】多年生灌木。茎稍木质无刺,无叶,多分枝,老茎稍圆柱形,其余均扁平。节间甚长,近圆形,边缘波状,绿色。中肋坚厚而边缘波浪形。花单生,花大,纯白色,芳香,夜间开放。花期夏季,夜间8—9时开放,3～4小时即凋谢,故有昙花一现之说。浆果红色,有纵棱。

【分布习性】昙花原产美洲墨西哥至巴西的热带沙漠中。喜温暖湿润多雾、半阴的环境。不耐寒,不耐霜冻,怕强光暴晒。宜富含腐殖质、排水良好的微酸性壤土。

【繁殖栽培】昙花以扦插、播种繁殖为主。扦插繁殖宜春、夏季剪取健壮、肥厚叶状茎作插穗,每段插穗长20～30 cm,削平基部,剪口稍干燥后插入素净苗床促根。播种繁殖常用于杂交育种,需要4～5年方能进入花期。

【园林应用】昙花枝叶翠绿,颇为潇洒,每逢夏秋夜深人静时,展现美姿秀色。昙花可盆栽点缀客室、阳台、大厅等,新奇别致,具有吸引力。

图14.7　昙花　　　　　　　　　图14.8　昙花

4）令箭荷花属 *Nopalxochia*

令箭荷花 *Nopalxochia ackermannii* BR. et Rose.

5）金琥属 *Echinocactus*

金琥 *Echinocactus grusonii* Hildm

【别名】黄刺金琥、象牙球、金琥仙人球。

【形态特征】多年生肉质植物,茎球形,单生或成丛,高可达1.3 m,直径80 cm或更大。球顶密被金黄色绵毛。有棱21～37,显著。刺座很大,密生硬刺,刺金黄色,后变褐,有辐射刺8～10,中刺3～5,较粗,稍弯曲。6—10月开花,花生于球顶部绵毛丛中,钟形,黄色。

【分布习性】金琥原产墨西哥中部圣路易波托西至伊达尔戈干燥炎热的沙漠地带。喜温暖干燥光照充足的气候环境,夏季适当遮阴。土壤宜肥沃、疏松和含石灰质的砂质壤土。

【繁殖栽培】金琥播种、嫁接、分株繁殖均可。播种繁殖宜选用当年采收的种子,秋播或次春播种。播前浸种催芽,7～10天即可发芽。嫁接繁殖多取三棱箭作砧木,秋季进行为宜。

【园林应用】金琥形大而端庄,金刺夺目,尤其成年大金琥花繁球壮,金碧辉煌,观赏价值很高,适于地栽群植,布置专类园。小型个体适宜独栽,置于书桌、几案点缀室内,也可作沙生植物园材料。

图14.11　金琥

图14.12　金琥

6) 仙人柱属 *Cereus*

山影拳 *Cereus pitajaya* DC.

山影拳

15 多浆多肉类

15.1　景天科 Crassulaceae

1）八宝属 *Hylotelephium*

长药八宝 *Hylotelephium spectabile*（Bor.）H. Ohba

2）景天属 *Sedum*

（1）翡翠景天 *Sedum morganianum* E. Walther

【别名】串珠草、千佛手、菊丸。

【形态特征】多年生肉质植物,植株浅绿色,只要栽培得当,串珠状的茎、叶悬垂铺在花盆四周,显得格外雅致。

长药八宝

图 15.3　翡翠景天

图 15.4　翡翠景天

【分布习性】翡翠景天原产墨西哥干旱、阳光充足的亚热带地区。喜温暖半阴环境,忌强光直射,宜于疏松壤土生长。室内盆栽,多选用草炭土、细沙等量混合配制的培养土。

【繁殖栽培】翡翠景天主要通过扦插法繁殖,全年都可进行,尤以茎叶生长期最好。可取肉质小叶、带叶茎作插穗,环境适宜,约4周可生根。

【园林应用】翡翠景天植株株型特别,很像人工制作的玛瑙串珠,可作室内盆栽美化居室环境,通常悬吊观赏、置于向阳窗前。

(2)垂盆草 *Sedum sarmentosum* Bunge

【别名】三叶佛甲草、狗牙半支、石指甲、半支莲、养鸡草、狗牙齿、瓜子草。

【形态特征】多年生草本。株高10~20 cm。不育枝匍匐,节上易生根,花茎直立。叶3片轮生,倒披针形至长圆形,先端近急尖,基部急狭,有距。聚伞花序松散,常3~5分枝,花少,黄色。种子卵形,花期5—7月,果期8月。

【分布习性】垂盆草在我国南北均有分布,性喜温暖、湿润、半阴的环境。较耐旱、耐寒、耐瘠薄。不择土壤,在疏松的砂质壤土中生长较佳。

【繁殖栽培】垂盆草以分株、扦插繁殖为主。分株繁殖宜在早春进行,扦插随时皆可。

【园林应用】垂盆草适应能力强,极耐粗放管理,适宜屋顶绿化、护坡、花坛、吊篮等场合应用,可盆栽置于窗台、走廊垂吊观赏,也可作为北方屋顶绿化的专用草坪草。

图15.5　垂盆草

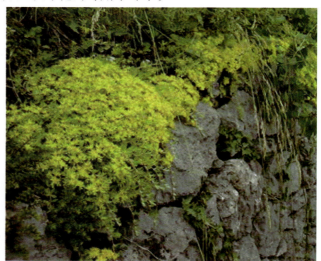
图15.6　垂盆草

3)费菜属 *Phedimus*

费菜 *Sedum aizoon*（Linn.）'t Hart

费菜

4)青锁龙属 *Crassula*

玉树 *Crassula arborescens*（Mill.）Willd.

【别名】燕子掌、景天树、万年青、玻璃翠。

【形态特征】多年生肉质灌木,株高1~3 m,分枝多,表皮绿色或黄褐色,叶片上有小点。叶肉质,对生,在茎或分枝顶端密生长,长卵形,稍内弯,轻微有叶尖,叶色绿色至红绿色,有光泽,温差大的时候叶片的边缘呈红色,叶心绿色,非常美丽,控水和强光照下整个植株呈现非常漂亮的红绿色。花期春末夏初,小花白色或白粉色,异株授粉,不容易开花。

【分布习性】玉树原产于非洲南部地区,喜温暖干燥和阳光充足环境。不耐寒,怕强光,稍耐阴。土壤以肥沃、排水良好的壤土为好。冬季温度不低于 7 ℃。

【繁殖栽培】玉树宜扦插繁殖,于生长季节剪取肥厚充实的顶端枝条,长 8 ~ 10 cm,稍晾干后插入沙床,约 3 周生根。也可用单叶扦插,约 4 周可生根。

【园林应用】玉树花树冠挺拔秀丽,茎叶碧绿,顶生白色花朵,十分清雅别致。在热带地区是极好的庭院植物。盆栽茎干基部膨大,枝叶繁茂,形成树桩盆景,若配以盆架、石砾加工成小型盆景,装饰茶几、案头更为诱人。

图 15.9 玉树　　　　　　　　　　　　图 15.10 玉树

5)伽蓝菜属 *Kalanchoe*

长寿花 *Kalanchoe blossfeldiana* Poelln.

【别名】矮生伽蓝菜、圣诞伽蓝菜、寿星花、家乐花、伽蓝花。

【形态特征】多年生常绿肉质草本,株高 20 ~ 30 cm,单叶,叶肉质交互对生,椭圆形,深绿色有光泽,边略带红色,边缘具齿。花茎细长,圆锥状聚伞花序,有红、橙红、黄色等。花期 12 月—翌年 4 月底,蓇葖果。

【分布习性】长寿花原产马达加斯加,世界各地均有栽培。性极强健,喜温暖稍湿润和阳光充足的环境。不耐寒,耐干旱,对土壤要求不严,以排水良好的壤土为好。

【繁殖栽培】长寿花多扦插繁殖为主,也可组织培养。扦插繁殖多于夏秋进行,剪取稍成熟的肉质茎作插穗,穗长 5 ~ 6 cm,土温 15 ~ 20 ℃,约 3 周后生根。也可叶片扦插。

【园林应用】长寿花植株小巧玲珑,株型紧凑,叶片晶莹透亮,花朵稠密艳丽,观赏效果极佳,加之开花期在冬、春少花季节,花期长又能控制,是优良室内盆花,适宜布置窗台、书桌、案头,也可配植公共场所的花槽、橱窗和大厅等,烘托节日气氛。

图 15.11　长寿花

图 15.12　长寿花

6) 石莲花属 *Echeveria*

宝石花 *Echeveria glauca* Bak.

宝石花

7) 落地生根属 *Bryophyllum*

落地生根 *Bryophyllum pinnatum*（Linn. f. ）Oken

【别名】花蝴蝶、倒吊莲、土三七、灯笼花。

【形态特征】多年生肉质草本。全株蓝绿色,茎单生,直立,褐色。叶交互对生,叶片肉质,长三角形,具不规则的褐紫斑纹,边缘有粗齿,缺刻处长出不定芽。复聚伞花序、顶生,花钟形,橙色。花期 3—5 月,果期 4—6 月。

【分布习性】落地生根原产印度及我国南部,温室和庭园常见栽培。性强健,喜温暖、不耐寒,耐干旱,喜光,稍耐阴,喜通风良好,宜排水、疏松肥沃的砂质壤土。

【繁殖栽培】落地生根以扦插繁殖为主,夏季枝插、叶插均可。也可以将叶缘的不定芽切离,另行栽植。

【园林应用】落地生根多用于盆栽,是窗台绿化的好材料,用来点缀书房和客室极具雅趣。南方露地可配植岩石园或花境,是常见的盆栽花卉。

图 15.15　落地生根

图 15.16　落地生根

15.2 茜草科 Rubiaceae

1）虎刺属 *Damnacanthus*

虎刺 *Damnacanthus indicus*（Linn.）Gaertn. F.

虎刺

2）龙船花属 *Ixora*

龙船花 *Ixora chinensis* Lam.

【别名】英丹、仙丹花、百日红。

【形态特征】常绿小灌木,老茎黑色有裂纹,嫩茎平滑无毛。聚伞形花序顶生,花序具短梗,有红色分枝。叶对生,几乎无柄,薄革质或纸质。浆果近球形,熟时红黑色。

【分布习性】龙船花产于我国台湾、福建、广西等地。喜温暖、湿润和阳光充足环境。不耐寒,耐半阴,不耐水湿和强光。土壤以肥沃、疏松和排水良好的酸性砂质壤土为佳。

【繁殖栽培】龙船花以扦插繁殖为主,也可播种、压条繁殖。扦插繁殖以夏季进行为好,取半成熟枝条作插穗,6周左右即可生根。播种繁殖宜秋冬采种,春季播种,发芽适温20~25 ℃,3周左右发芽。

【园林应用】龙船花花期很长,花色艳丽、花序美观,适宜盆栽布置庭院、宾馆、风景区等处,也可盆栽配置窗台、阳台和客室摆设。

图 15.19   龙船花

图 15.20   龙船花

15.3 大戟科 Euphorbiaceae

大戟属 *Euphorbia*

（1）绿玉树 *Euphorbia tirucalli* Linn.

【别名】光棍树、绿珊瑚、青珊瑚、铁树、铁罗、龙骨树。

【形态特征】热带灌木或小乔木，株高可达 6~9 m。茎与枝幼时绿色圆筒状，小枝肉质，具乳汁。叶片小，早落，通常被称作花的部分其实是瓣状苞片，真正的花，在苞片中间不明显。花为杯状聚伞花序生于枝顶或节上有短总花梗，果实为蒴果，暗黑色。种子呈卵形。蒴果暗褐色，被毛。

【分布习性】绿玉树原产非洲，我国华南地区也有分布。绿玉树性状强健，耐旱、耐盐和耐风，喜温暖，好光照，耐半阴，在贫瘠的土壤也可生长，但以排水良好的土壤为佳。在南方温暖地带可以露地栽培，长江流域及其以北地区宜温室越冬。

【繁殖栽培】绿玉树可通过扦插、组培进行繁殖。扦插繁殖多在夏季进行，剪取肥厚充实的顶端枝条作插穗，约 3 周生根。也可单叶扦插，约 4 周生根。

【园林应用】绿玉树茎干秃净、光滑，圆柱状，无叶片，是较为奇异的观茎植物，常盆栽作室内陈设装饰。

图 15.21　绿玉树

图 15.22　绿玉树

（2）霸王鞭 *Euphorbia royleana* Boiss.

【别名】火殃筋。

【形态特征】多年生小乔木，株高 4~7 m，茎干粗壮、肉质，具 5 棱，后变圆形。分枝螺旋状轮生，浅绿色，后变灰，具黑刺。叶片多浆，革质，倒卵形，基部渐狭，浅绿色。茎叶含白色乳汁。

【分布习性】霸王鞭原产印度，现世界各地多有栽培。喜温暖干燥和阳光充足的环境，耐干旱、耐高温，不耐寒，喜疏松、排水良好的砂质壤土。

【繁殖栽培】霸王鞭常扦插繁殖，多于生长期进行，插后置半阴处，适温 20~25 ℃，不浇水、稍喷雾，保持盆土湿润，约 6 周可生根。

【园林应用】霸王鞭株型高大优美，叶片繁茂，肥厚柔嫩。盆栽适合放置在茶几或阳台上，观赏效果极佳。南方常布置小庭院或作篱笆，别具一格。

图 15.23 霸王鞭

图 15.24 霸王鞭

15.4 番杏科 Aizoaceae

1) 生石花属 *Lithops*

生石花 *Lithops pseudotruncatella* N. E. Br

【别名】石头花、石头草、小牛蹄、屁股花。

【形态特征】多年生小型多浆植物,茎呈球状,较短。由 2 片对生的肉质变态叶联结而成倒圆锥体,顶部近卵圆形,稍有凸起,中间有一条小缝隙,整个形体酷似卵石。依品种不同,其顶面色彩和花纹各异,通常午后开放,傍晚闭合,次日后仍然开放。秋季开大型黄色或白色花。

【分布习性】原产南非开普州。喜温暖干燥和阳光充足的环境。怕低温和长期淋雨,忌强光暴晒。宜疏松、肥沃和排水良好的中性壤土。

图 15.25 生石花

图 15.26 生石花

【繁殖栽培】生石花可通过播种、分株进行繁殖。播种繁殖主要在春季进行,适温 15～25 ℃,约2 周后发芽。分株繁殖较为简便,于秋季分栽幼株即可。

【园林应用】生石花株型小巧玲珑,形姿奇特,布置沙生岩石园植物园,配植石丛中,与卵石难以分辨。生石花也可盆栽点缀客室、书桌或窗台,十分清新幽雅。

2）肉锥花属 *Conophytum*

肉锥花 *Conophytum auriflorum* Tisch.

肉锥花

15.5　阿福花科 Asphodelaceae

1）芦荟属 *Aloe*

芦荟 *Aloe vera*（Linn.）Burm. f.

【别名】草芦荟、油葱、龙角、狼牙掌。

【形态特征】常绿肉质多年生草本植物。有短茎,叶肥厚多汁,条状披针形,粉绿色,呈座状或生于茎顶,边缘有尖齿状刺。总状花序具花数十朵,单生或稍分枝,花冠筒状,花黄色,具有红色斑点。

【分布习性】芦荟原产印度和马来西亚一带,非洲大陆和热带地区都有野生芦荟分布。我国东南、华南、西南等地多有栽培,并可偶见野生芦荟分布。喜温暖干燥和阳光充足环境。不耐寒,耐干旱和半阴。宜肥沃疏松和排水良好的砂质壤土。

【繁殖栽培】芦荟以分株繁殖为主,生长季节将芦荟幼株从母体分离出来,另行栽植即可,但以春秋两季最宜。

【园林应用】芦荟四季常青,冬季开花,多盆栽,适于点缀厅室,布置庭院,既可观赏又可作保健药品。南方可绿地栽培作地被,也可布置沙生植物园。

图 15.29　芦荟

图 15.30　芦荟

2）十二卷属 *Haworthia*

条纹十二卷 *Haworthia fasciata*（Willd.）Haw

【别名】雉鸡尾、锦鸡尾、十二卷、蛇尾兰。

【形态特征】多年生肉质植物。植株矮小,肉质叶坚硬,叶片大多数呈莲座状排列,无茎。叶数多,三角状披针形,稍直立,上部内弯,叶背凸起,呈龙骨状,绿色,具有明显的白色疣状突起,排列呈横条纹。总状花序,小花白绿色。

【分布习性】条纹十二卷原产南非,喜温暖干燥的环境,怕水涝,适宜在半阴或充足而柔和的阳光下生长,忌烈日暴晒和强光。宜肥沃、疏松和排水良好的砂质壤土。

【繁殖栽培】条纹十二卷宜分株繁殖,全年均可进行,常结合春季换盆进行,剥下母株周围之幼株另行栽植即可。扦插可于夏季剪取肉质叶作插穗,约3周可生根。

【园林应用】条纹十二卷肥厚的叶片镶嵌着带状白色星点或条纹,清新高雅,最适作小盆栽装饰桌案、茶几,精致小巧可爱。

图 15.31　条纹十二卷

图 15.32　点纹十二卷

15.6　天门冬科 Asparagaceae

酒瓶兰属 *Beaucarnea*

酒瓶兰 *Beaucarnea recurvata* Lem.

【别名】象腿树,假叶树科。

【形态特征】多年生肉质植物,茎干直立,基部肥大,状似酒瓶,可以储存水分。叶线形,簇生于干顶,全缘或细齿缘,软垂状,革质而下垂,叶缘具细锯齿。圆锥状花序,花小白色,10年以上的植株才能开花。

【分布习性】酒瓶兰产于墨西哥等地,喜温暖、湿润及阳光充足环境,较耐旱、耐寒。喜肥沃土壤,在排水通气良好、富含腐殖质的砂质壤土上生长较佳。

【繁殖栽培】酒瓶兰可播种、扦插繁殖。播种繁殖在春秋均可进行,扦插繁殖既可嫩枝扦插,也可硬枝扦插。

【园林应用】酒瓶兰为观茎赏叶花卉,可以小型盆栽布置客厅、书房,或置于案头、台面,显得优雅清秀别致。酒瓶兰也可以中大型盆栽种植布置厅堂、会议室、会客室等处,极富热带情趣,颇耐欣赏。

图 15.33　酒瓶兰　　　　　　　　　　　图 15.34　酒瓶兰

15.7　夹竹桃科 Apocynaceae

1）沙漠玫瑰属 *Adenium*

沙漠玫瑰 *Adenium obesum subsp.* Somalense

【别名】天宝花、阿拉伯沙漠玫瑰、索马里沙漠玫瑰。

【形态特征】多肉灌木或小乔木,株高 30～80 cm,枝干肥厚多肉。叶肉质,簇生,集生枝端,倒卵形至椭圆形,全缘,先端钝而具短尖,近无柄。茎粗,肉质化,茎基十分膨大,呈块状。花顶生,聚伞花序,漏斗形,5 瓣,春末开花,花色多样,桃红、深红、粉红或粉白等。

【分布习性】沙漠玫瑰产自非洲北部及阿拉伯半岛沙漠等地。喜高温干燥和阳光充足的环境,耐酷暑,不耐寒,喜富含钙质、疏松透气、排水良好的砂质壤土,不耐阴,忌涝,忌浓肥和生肥,畏寒冷,生长适温 25～30 ℃。

【繁殖栽培】沙漠玫瑰可播种、扦插繁殖。扦插繁殖以夏季软枝扦插最好,3～4 周即可生根。

【园林应用】沙漠玫瑰植株矮小,树形古朴苍劲,根茎肥大如酒瓶状。花鲜红妍丽,形似喇叭,极为别致,深受人们喜爱。南方地栽布置小庭院,古朴端庄,自然大方。盆栽观赏,装点室内,配置阳台、窗台,夏时红花绿叶再加肥硕的茎枝,十分有趣。

图 15.35　沙漠玫瑰　　　　　　　图 15.36　沙漠玫瑰

2）吊灯花属 *Ceropegia*

吊金钱 *Ceropegia woodii* Schltr.

【别名】爱之蔓、腺泉花、心心相印、可爱藤、鸽蔓花、吊灯花。

【形态特征】多年生肉质草本,茎细长下垂,节间长 2~8 cm。叶肉质对生,心形至肾形,银灰色。花淡紫红色,蕾期形似吊灯,盛开时貌似伞形。叶面暗绿,叶背淡绿,叶面上具有白色条纹,其纹理好似大理石,叶腋常生有块状肉质珠芽。从茎蔓看,好似古人用绳串吊的铜钱。花期7—9月。

【分布习性】吊金钱原产南非,我国各地多有引种。性喜温暖向阳、气候湿润的环境,耐半阴,怕炎热,忌水涝。要求疏松、排水良好、稍干燥的土壤。

【繁殖栽培】吊金钱多用扦插、压条或分株法繁殖。扦插繁殖极易成活,温度 15 ℃以上均可进行,叶插、茎插均可,环境合适 2 周即可生根;分株繁殖可结合早春换盆时进行。

【园林应用】吊金钱观叶、观花、观姿俱佳花卉。最宜吊盆悬挂,使茎蔓绕盆飘然下垂,密布如帘,随风摇曳,风姿轻盈。

图 15.37　吊金钱　　　　　　　图 15.38　吊金钱

15.8　刺戟木科 Didiereaceae

树马齿苋属 *Portulacaria*

树马齿苋 *Portulacaria afra* Jacq.

【别名】马齿苋树、银杏木、金枝玉叶、小叶玻璃翠。

【形态特征】为多年生常绿肉质灌木,茎多分枝,老茎紫褐色至浅褐色,分枝近水平,新枝在阳光充足的条件下呈紫红色,若光照不足,则为绿色。叶片对生,呈倒卵状三角形,叶端截形,叶基楔形,肉质,叶面光滑,鲜绿色。花小,粉红色,少见开花。

【分布习性】树马齿苋原产南非,喜温暖、干燥和阳光充足的环境,耐干旱和半阴,不耐涝。夏季高温时可适当遮光,避免烈日曝晒,并注意通风。

【繁殖栽培】树马齿苋以扦插繁殖为主,也可播种繁殖。扦插繁殖可在夏季剪取茎作插穗,置于阴凉处晾数日,待切口干燥后进行扦插,成活率高。

【园林应用】树马齿苋以观茎观叶为主,可吊盆栽植悬垂观赏,也是制作盆景的好材料。

图 15.39　树马齿苋　　　　　　　　图 15.40　树马齿苋

15.9　菊科 Asteraceae

千里光属 *Senecio*

翡翠珠 *Senecio rowleyanus* Jacobsen

【别名】情人泪、佛珠吊兰、翡翠珠、绿之铃、绿铃。

【形态特征】多年生常绿蔓性植物,叶近球形,互生,生长较疏,圆心形,深绿色,肥厚多汁,似珠子,具一半透明的线条,先端有尖头。茎纤细,具有地下根茎。花小,头状花序,顶生,呈弯钩形,花白色或褐色,花蕾是红色的细条。花期 12 月至翌年 1 月。

【**分布习性**】翡翠珠原产非洲南部,在世界各地广为栽培。性喜温暖湿润、半阴的环境,也较耐旱、耐寒。喜富含有机质、疏松肥沃的土壤。

【**繁殖栽培**】翡翠珠茎蔓极易生根,最适扦插繁殖,常于春秋剪下茎作插穗,2 ~ 3 周即可生根。

【**园林应用**】翡翠珠用小盆悬吊栽培,极富情趣,一粒粒圆润、肥厚的叶片,似一串串风铃在风中摇曳,是家庭悬吊栽培的理想花卉。

图 15.41 **翡翠珠**

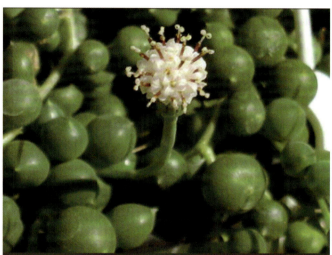

图 15.42 **翡翠珠**

16 兰科花卉类

16.1　兰科 Orchidaceae

1）兰属 *Cymbidium*

（1）春兰 *Cymbidium goeringii*（Rchb. f.）Rchb. f.

【别名】朵兰、山兰、草兰。

【形态特征】多年生常绿草本。地生性，根肉质、白色。假鳞茎球形，较小，完全包存于叶基之内。叶4～6枚丛生，叶脉明显，狭带形，边缘粗糙。花葶直立，有鞘4～5片。花包片很长，开1～2朵花，花色通常以绿色和黄绿色为主，花被上有紫红色条纹或斑点，有芳香，花期2—3月。

【分布习性】春兰在我国栽培历史悠久，江苏、浙江、安徽、江西、湖南、湖北、重庆、四川、贵州、云南等地常见分布，日本与朝鲜半岛南端也有。性喜通风良好的半阴性环境，切忌日光直射或暴晒。适生于富含腐殖质、疏松透气、排水保湿良好的微酸性土壤。

图16.1　春兰

图16.2　春兰

【繁殖栽培】春兰可分株、播种、组培等法繁殖。分株繁殖多在春兰有 6 苗以上时,结合换盆进行。播种较难发芽,需借助兰菌或人工培养基供给养分,促进萌发。

【园林应用】春兰是我国传统名花之一,是高洁、清雅的象征,最宜盆栽室内观赏,开花时香气幽雅。春兰的根、茎、叶、花均可入药。

（2）蕙兰 *Cymbidium faberi* Rolfe

【别名】夏兰、九节兰。

【形态特征】多年生草本植物。地生性,根肉质,淡黄色。假鳞茎卵形。叶 5 ～ 13 枚丛生,长 35 ～ 80 cm,宽 0.5 ～ 1.5 cm,叶片脉纹粗多而明显,叶缘有明显的锯齿。花葶直立而长,着花 6 ～ 15 朵,多黄绿或翠绿,舌瓣上有绿丝绒苔,上缀许多紫红色点块。花期 4—5 月,花香浓郁。

【分布习性】蕙兰原产我国,是我国栽培最久和最普及的兰花之一,分布很广,品种甚多。蕙兰比较耐寒、稍耐旱、较喜阳。

【繁殖栽培】蕙兰以分株繁殖为主,选择种植 2 ～ 3 年的壮苗为母株,春季 3—4 月或秋季 9—10 月进行为宜。

【园林应用】蕙兰是我国二级重点保护野生物种,园林应用中作为名贵盆花,供室内陈列,也常用作插花素材。蕙兰花可食用,常熏茶,叶可入药。

图 16.3　蕙兰

图 16.4　蕙兰

（3）大花蕙兰 *Cymbidium hookerianum* Rchb. F.

【别名】大花蕙兰杂交种。

【形态特征】大花蕙兰是许多大花附生原种和杂交种类的总称。常绿多年生附生草本,假鳞茎粗壮。叶丛生,带状,革质。根系发达,多为圆柱状,肉质,粗壮肥大。花大型,直径 6 ～ 10 cm,花色有白、黄、绿、紫红或带有紫褐色斑纹。不香或有丁香型气味,花期长达 50 ～ 80 天。蒴果,种子较小,种子内的胚通常发育不完全,且几乎无胚乳,在自然条件下很难萌发。

【分布习性】大花蕙兰原产我国西南地区,常野生于溪沟边和林下的半阴环境。喜凉爽湿润,昼夜温差大的环境和疏松、透气、排水好、肥沃的微酸性基质。对水中的钙、镁离子比较敏感,以雨水浇灌最为理想。

【繁殖栽培】同蕙兰。

【园林应用】大花蕙兰主要用作盆栽观赏和切花,适用室内花架、阳台、窗台摆放,典雅豪华,气派非凡,惹人注目。

图 16.5　大花蕙兰

图 16.6　大花蕙兰

（4）建兰 *Cymbidium ensifolium*（Linn.）Sw.

（5）墨兰 *Cymbidium sinense*（Jackson ex Andr.）Willd.

建兰

【别名】报岁兰。

【形态特征】常绿草本植物,地生性,假鳞茎椭圆形。根粗壮而长。叶 4～5 枚丛生,剑形,近革质,深绿色,具光泽。花葶直立较粗壮,高出叶面,有花 7～17 朵,苞片基部有蜜腺。萼片狭披针形,淡褐色有 5 条紫脉,花瓣较短而宽,向前伸展,在蕊柱之上。唇瓣 3 裂且不明显,端下垂反卷,2 条黄色褶片,几乎平行。花期较长,从 10 月至翌年 10 月。品种甚多,少数在秋季开花。

【分布习性】墨兰分布于我国福建、台湾、广东、广西、云南等省区,缅甸、印度也有分布。适生于雨量充沛和腐殖质丰富的微酸性土壤,最适生长在相对空气湿度 90% 左右、荫蔽度高可达 90% 的林荫下,盆栽以盆土含水量 15%～20% 为宜,忌强光。

图 16.9　墨兰

图 16.10　墨兰

【**繁殖栽培**】墨兰可分株、组培繁殖。分株繁殖主要在休眠期进行,分割其丛生的假鳞茎,切割为每丛 2~3 株另行栽种即可。

【**园林应用**】墨兰现已成为我国热门的国兰之一,广泛用作盆栽装点布置室内,或作为馈赠亲朋的主要礼仪盆花。墨兰也可切枝用于插花观赏,配上杜鹃、麻叶绣球、紫珠、八仙花等花材,画面清新雅致又充满活力。

图 16.11 墨兰

图 16.12 墨兰

(6)寒兰 *Cymbidium kanran* Makino

【**别名**】冬兰。

【**形态特征**】多年生常绿草本,地生性。假鳞茎,长椭圆形。株型与建兰十分相似,但叶片较细,尤以基部为甚。叶 3~7 枚丛生,多为直立状,狭带形,全绿或附近顶有细齿,略带光泽。花葶直立,与叶等高或高出叶面,花疏生,着花 10 余朵。唇瓣 3 裂且不明显,黄绿色带紫色斑点。寒兰与建兰、墨兰比较,其花被片窄而长,花茎细,十分容易区别。花芳香,花期 11 月至翌年 2 月,也有 9 月开花的种类。

图 16.13 寒兰

图 16.14 寒兰

【分布习性】寒兰原产我国福建、浙江、江西、湖南、广东等地。适生于林下、溪谷旁或稍荫蔽、湿润、多石之土壤。稍耐寒,忌炎热,不耐强光直射。

【繁殖栽培】寒兰宜分株、播种繁殖等。分株繁殖多采用脱盆分株法,春秋两季均可进行,每隔2~3年分株一次。播种繁殖发芽率低,宜拌兰菌等。

【园林应用】寒兰株型修长、形态文雅、气宇轩昂,花朵秀逸、花香浓郁而受欢迎。

（7）多花兰 *Cymbidium Floribundum* Lindl.

2）虾脊兰属 *Calanthe*

多花兰　　　虾脊兰

虾脊兰 *Calanthe discolor* Lindl.

3）蝴蝶兰属 *Phalaenopsis*

蝴蝶兰 *Phalaenopsis aphrodite* H. G. Reichenbach

【别名】蝶兰。

【形态特征】多年生附生常绿草本。根扁平如带,有疣状突起。茎较短,不明显。叶近二列状丛生,披针形至矩圆形,顶端浑圆,基部具有短鞘,关节明显。花茎1至数枚,拱形,花苞片卵状三角形,长3~5 mm。花大、蝶状、密生,花白色,美丽,芳香,簇生成穗状花序。花期4—6月。

【分布习性】蝴蝶兰主要原产我国台湾,性喜高温高湿,通风透气的环境,不耐涝、不耐寒,越冬温度不宜低于15 ℃。蝴蝶兰喜半荫环境,忌烈日直射,适生于疏松肥沃、富含腐殖质、排水保湿性能好的砂质壤土。

【繁殖栽培】蝴蝶兰以组织培养、无菌播种繁殖为主。

【园林应用】蝴蝶兰花姿优美,颜色华丽,为热带兰中的珍品,有"兰中皇后"之美誉。是国际上流行的名贵切花花卉,也可用作胸花或盆栽观赏。

图 16.19　蝴蝶兰

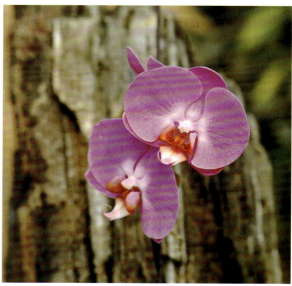
图 16.20　蝴蝶兰

4）卡特兰属 *Cattleya*

卡特兰 *Cattleya labiata* Lindl.

【别名】加德利亚兰、卡特利亚兰、拉比阿塔卡特兰。

【形态特征】多年生草本，附生性，具地下根茎，茎基部有气生根，假鳞茎棍棒状或圆柱状。具有拟球茎，顶端着生 1 ~ 3 片革质厚叶。花单朵或数朵排成总状花序，生于假鳞茎顶端，花大，浅紫红色，瓣缘深紫，花喉黄白色，具有紫纹，花萼与花瓣相似，唇瓣 3 裂。花期 9—12 月。

【分布习性】卡特兰原产热带美洲，以哥伦比亚和巴西分布最多。多附生于森林中大树的枝干上。喜温暖、湿润、半阴的环境，生长适温 27 ~ 32 ℃。

【繁殖栽培】卡特兰以分株繁殖为主，多结合春季换盆进行，每株丛带新芽并保留 3 个以上的假鳞茎，分栽即可。

【园林应用】卡特兰花型花色千姿百态、艳丽非凡，并具有特殊的芳香，被称为"洋兰之王"，是洋兰中栽培量最大、最受世界各国人民喜爱的兰花之一。卡特兰既可悬吊观赏，也可作高档的切花材料及高雅的胸饰花。

图 16.21　卡特兰

图 16.22　卡特兰

5）兜兰属 *Paphiopedilum*

兜兰 *Cypripedium corrugatum* Franch.

【别名】拖鞋兰、仙履兰。

【形态特征】多年生常绿草本植物，多数地生性，少数附生于岩石上。无假鳞茎，茎极短。叶基生，革质，带形、狭长圆形或狭椭圆形，绿色或带有红褐色斑纹。花葶从叶丛中抽出，花形奇特，唇瓣兜状，有白、粉、浅绿、黄、紫红及条纹和斑点等。萼片特别，背萼极发达，呈扁圆形或倒心形，有些品种背萼有色彩鲜艳的花纹。蕊柱形状与一般兰花不同，两枚花药分别着生在蕊柱的两侧。花期 11 月至次年 5 月。

【分布习性】兜兰产于亚洲热带和亚热带地区，多生于温度高，腐殖质丰富的森林中。喜半荫湿润的环境，绿色叶片的地生种较耐寒，有些高山种怕夏季高温。

【繁殖栽培】兜兰宜播种、分株繁殖。兜兰种子细小，且胚发育不全，常规方法播种发芽困难。宜于试管中用培养基在无菌条件下进行胚的培养。分株繁殖宜选有 5 个以上叶丛的植株，结合春季换盆进行。

【园林应用】兜兰花形奇特,给人清爽之感,在商业栽培中以盆花为主,是极好的高档室内盆栽观花植物,适宜摆放在客厅、书房及卧室中长期欣赏。

图 16.23 兜兰 　　　　　　　　　　　　　　图 16.24 兜兰

6)石斛属 *Dendrobium*

石斛 *Dendrobium nobile* Lindl.

【别名】石斛、石兰、吊兰花、金钗石斛。

【形态特征】多年生草本,附生,常附生于树上或岩石上。假鳞茎丛生,圆柱形或稍扁,直立或下垂,少分枝,具节。叶近革质,互生,叶片矩圆形。花序着生于二年生假鳞茎上部的节上,花 10 朵左右,唇瓣乳黄色,唇盘上有一紫斑,十分明显。总状花序直立或下垂,花大且艳丽,白色、黄色、浅玫红或粉红色等,许多种类具芳香。花期 3—6 月。

【分布习性】石斛产于亚洲热带、亚热带地区和大洋洲部分地区,我国西南、华南、东南常见栽培。石斛喜温凉高湿的阴坡、半阴坡微酸性岩层峭壁、树木之上,生境独特,对气候环境要求十分严格。

图 16.25 石斛 　　　　　　　　　　　　　　图 16.26 石斛

【繁殖栽培】石斛多采取分株、扦插和组织培养等方式进行繁殖。分株繁殖多于花后进行,确保每丛带有 3～4 根老枝条。扦插繁殖宜梅雨季节行嫩枝扦插。

【园林应用】石斛是我国古文献中最早记载的兰科植物之一。花形、花姿优美,艳丽多彩,种类繁多,花期长,深受各国人民喜爱和关注,在国际花卉市场上占有重要的位置。栽培上分为温带型落叶种(春石斛)和热带型常绿种(秋石斛)。春石斛的花一般生于茎节间,花期约 20 天,多作为盆栽观赏。而秋石斛的花一般着生于茎顶部,花期超过 1 个月,主要用于切花观赏。其假鳞茎可药用。

7)万代兰属 *Vanda*

大花万代兰 *Vanda coerulea* Griff.

【别名】万代兰、黑珊瑚。

【形态特征】多年生附生草本,无假鳞茎,茎攀援。叶革质,呈二列状,互生,圆柱状,端钝,肉质,深绿色,叶近带状,2 列,先端具不整齐的缺刻或齿。花茎直立,总状花序腋生,着花 6～10 朵,花大而艳丽,有白、黄、粉红、紫红、黄褐色和天蓝等色。花期 11 月至翌年 8 月。蒴果,种子细小,数量多。

【分布习性】大花万代兰原产我国华南地区,广东、海南、台湾、广西和云南等省区较为常见。性喜温暖湿润、适度遮阴的环境,不耐寒。喜高温,又怕炎热,不耐干燥。

【繁殖栽培】万代兰以分株繁殖为主,可在秋末分切腋芽另行种植。注意对枝条、工具等的消毒杀菌,避免交叉感染。

【园林应用】万代兰花期长,花大艳丽,杂交品种甚多,是盆栽观赏的佳品,适合用于吊盆或壁挂,也常用作切花素材。

图 16.27　万代兰

图 16.28　万代兰

参考文献

[1] 中国科学院中国植物志编辑委员会. 中国植物志[M]. 北京:科学出版社,1959—2004.

[2] 李德铢. 中国维管植物科属志(全3册)[M]. 北京:科学出版社,2020.

[3] 周云龙. 华南常见园林植物图鉴[M]. 2版. 北京:高等教育出版社,2018.

[4] 王友国,庄华蓉. 园林植物识别与应用[M]. 3版. 重庆:重庆大学出版社,2021.

[5] 罗斯·贝顿,西蒙·莫恩. 英国皇家园艺学会植物分类指南[M]. 刘夙,译. 北京:外语教学与研究出版社,2020.

[6] 马金双,李惠茹. 中国外来入侵植物名录[M]. 北京:高等教育出版社,2018.

[7] 陈有民. 园林树木学[M]. 2版. 北京:中国林业出版社,2011.

[8] 龙雅宜. 常见园林植物认知手册[M]. 2版. 北京:中国林业出版社,2011.

[9] 陈耀东,马欣堂,杜玉芬,等. 中国水生植物[M]. 郑州:河南科学技术出版社,2012.

[10] 邓莉兰. 西南地区园林植物识别与应用实习教程[M]. 北京:中国林业出版社,2009.

[11] 黄福权,陈俊贤. 深圳园林植物配置艺术[M]. 北京:中国林业出版社,2009.

[12] 张建新,许桂芳. 园林花卉[M]. 北京:科学出版社,2011.

[13] 贾生平. 园林树木栽培养护[M]. 北京:机械工业出版社,2013.

[14] 徐绒娣. 园林植物识别与应用[M]. 北京:机械工业出版社,2014.

[15] 成雅京,赵世伟,揣福文,等. 仙人掌及多肉植物赏析与配景[M]. 北京:化学工业出版社,2008.

[16] 车代弟. 园林花卉学[M]. 北京:中国建筑工业出版社,2009.

[17] 岳桦,张彦妮. 园林花卉[M]. 3版. 北京:高等教育出版社,2015.

[18] 江荣先,董文珂. 园林景观植物花卉图典[M]. 北京:机械工业出版社,2009.

[19] 吴棣飞,尤志勉. 常见园林植物识别图鉴[M]. 重庆:重庆大学出版社,2010.

[20] 齐海鹰. 园林树木与花卉[M]. 北京:机械工业出版社,2008.

[21] 陈春利,王明珍. 花卉生产技术[M]. 北京:机械工业出版社,2013.

[22] 王世动. 园林植物[M]. 北京:中国建筑工业出版社,2008.

[23] 李金苹. 草本观赏植物[M]. 北京:化学工业出版社,2012.

[24] 彭东辉. 园林景观花卉学[M]. 北京:机械工业出版社,2009.